三餐、便當、常備菜、漬物、下酒菜、湯品
回家馬上就能做的方便好食

豐盛配菜365

ORANGE PAGE

Contents

三兩下就完成的
蔬食配菜

1種蔬菜就能做出一道菜

●涼拌

菇菇健康小菜

Part 2 可以快速上桌的方便食材！

●豆腐

●炸豆皮 · 油豆腐

●蛋

Part 3

靈活運用 事先做好的醬汁 &常備菜

【醬汁】

常備醬汁1

常備醬汁2

常備醬汁3

拿來當下酒菜也很棒的 日式&韓式漬物

料多味美的湯品

冷凍&活用蔬菜的方法

本書表記

○ 書中所寫的1大匙為15ml，1小匙為5ml、1杯為200ml。1cc=1ml

○ 材料中的高湯可以用自己煮的昆布柴魚高湯，或是市售的和風高湯塊。

○ 材料中主要食材會以紅字表現(除了增添風味用的蔥薑蒜之外)，供採買參考。

○ 材料中的美乃滋指日式美乃滋。

○ 材料中的「薑一塊」的大小約拇指第一節大小。

○ 材料中的「一瓣」指用一瓣大蒜所切成的量。

○ 材料中的「酒」為日本料酒，可改用米酒取代之。

○ 材料中的黃芥末醬為日式黃芥末醬，味道較嗆辣，也可以歐式黃芥末醬替代。

○ 原文書採用片栗粉之處，因在日本之外較難取得，全書改以太白粉取代之。

○ 書中所使用的平底鍋若沒有特別寫，都是使用直徑26cm的平底鍋。

○ 以微波爐加熱的時間是以600W為準。若功率為500W、700W時，加熱時間分別請
　調整為1.2倍、0.8倍。因機種不同，加熱時間多少會不一樣，請自行視狀況調整。

如何選擇？

一盤搞定 補充攝取不足的蔬菜量！
各種小份量配菜的搭配方法

料理／重信初江

「在主菜之外，想要再搭配1～2樣小菜」、「想用手邊既有的食材快速完成，該做什麼才是最好的呢？」思考每一餐主食與配菜的組合是做菜的煩惱來源。 本書介紹了大量的菜色，可以從中得到「今天要做哪道菜」 的選擇方法以及配菜的靈感，讓你煮食功力更上一層樓！

主食 薑汁燒肉

餐桌上的菜色

　　選擇以不同的味道、口感、烹調手法的配菜來搭配主食，讓整體的菜色更有重點，至臻完美。舉例來說，若是以薑汁燒肉為主食，為偏重口味，配菜便佐以清爽的高麗菜絲，並選擇使用味噌美乃滋將青椒微微苦澀的口感變得圓潤，或營造口感，利用帶有酸味的梅子醋拌根莖類與菇類，便是一桌口味十分均衡的菜色。

配菜 1　味噌＋美乃滋的甘醇 非常適合與青椒搭配！

味噌美乃滋拌青椒蟹肉棒

材料(2人份)

青椒(小)	4顆(約160g)
蟹肉棒	8條(約80g)
○味噌美乃滋	
美乃滋	1大匙
味噌	1小匙

1 青椒縱切對半，去蒂去籽，再橫切成細長條，放進耐熱盤中，輕輕蓋上保鮮膜，微波（600W）加熱2分鐘左右。蟹肉棒撕成細長條。

2 青椒倒去多餘的水分，與蟹肉條一同放進調理盆中，將味噌美乃滋的材料也加進去，仔細拌勻即完成。

（每人份98kcal、鹽分1.4g）

配菜 2　以梅子醋調味，尾韻清爽，具有促進食欲的效果！

梅子醋涼拌蓮藕舞菇

材料(2人份)

蓮藕	1節(約150g)
舞菇	1盒(約100g)
○梅子醋	
梅乾(鹽分17%以上)	1顆
醋	1大匙
砂糖	1小匙
鹽	少許

1 蓮藕去皮，滾刀切小塊後，快速沖洗，置於竹篩上瀝去水分。舞菇撥成小朵。

2 取一耐熱調理盆，底層放入蓮藕，舞菇鋪在上面，輕輕蓋上保鮮膜，微波（600W）加熱2分鐘取出混合，再蓋上保鮮膜，繼續加熱2分鐘。

3 梅乾去籽後，梅肉剁成泥，並與梅子醋的其他材料混合均勻。蓮藕與舞菇倒去多餘的湯汁，盛盤，淋上梅子醋即完成。

（每人份62kcal、鹽分1.0g）

帶便當

帶便當的菜最重要的是即使放久了看起來還是很好吃，還有就是打開蓋子的那一瞬間，能有鮮豔色彩飛入眼簾。做便當時，選擇紅、黃、綠色食材，自然而然地顧到了均衡的營養，也獲得色香味相乘的效果。舉例來說，這道照燒鮭魚便當最好的配菜選擇就是紅甜椒、蛋、秋葵、青江菜等等。從味道、口感、烹調手法做變化，便能實現理想的一餐。

主食 照燒鮭魚

簡單烹調營養價值高的雙色蔬菜。

清炒彩椒秋葵

材料(1人份)

紅甜椒	⅛顆(約20g)
秋葵	3根(約30g)

沙拉油　鹽　胡椒

1 甜椒去蒂去籽，再以滾刀切成小塊。秋葵去蒂頭，斜刀切2～3等分。

2 取一平底鍋，加進⅓小匙沙拉油，開中火加t熱，甜椒下鍋炒約30秒，加進秋葵與鹽、胡椒各少許，炒1分鐘左右，放涼後裝進便當盒中。

（27kcal、塩分0.8g）

 甜甜的口味，即使涼了也很好吃。

日式蛋捲

材料(容易製作的分量)

○蛋液

蛋	2顆
砂糖	1小匙
醬油	½小匙
鹽	少許

沙拉油

1 蛋打入調理盆中，將蛋液的其他材料也都加進去一同打散。

2 取一直徑約15cm的平底鍋，加入1小匙沙拉油，開中火加熱，倒入蛋液以筷子大幅在鍋中攪拌，蛋半熟狀態時轉小火，從靠近身體的那一端往前摺3摺，再繼續煎約3分鐘，過程中不時翻面，直到蛋熟了為止。放涼後，切成容易入口的大小，裝進便當盒中。

（½份101kcal、鹽分0.8g）

 輕脆口感，適合與不同的小菜穿插搭配。

柴魚片拌青江菜

材料(1人份)

青江菜	½株(約60g)
金針菇	⅓包(約30g)
柴魚片	1小撮

醬油

1 青江菜一葉一葉撥散，切成一口大小。金針菇切除根部，依長度切成3等分，再撥成小束。

2 取一耐熱調理盆，放進青江菜與金針菇，輕輕蓋上保鮮膜，微波（600W）加熱1分30秒～2分鐘，倒去湯汁，加入柴魚片、少許醬油後，混合拌勻，放涼後，裝進便當盒中。

（14kcal、塩分0.2g）

下酒菜

用一盤小菜作為喝酒的配菜也能為飲酒時光增添許多樂趣。不必想著「該特別做什麼菜才能與酒搭配」，可以是酸、甜、辣等不同味道的組合，或是簡單的小菜×分量足的小菜搭配，甚至是日式與西式整合，便能變化出多元豐富的菜色。不管是哪種組合，只要加進肉類、魚類、豆腐等含有蛋白質、可促進分解酒精的食材，更可升級成營養均衡的餐點。

配菜 1 蒜橄欖油不僅能刺激食欲，更讓人久久無法忘懷。

橄欖油拌豆腐

材料（2人份）

板豆腐	½塊（約150g）
豆苗	⅓袋（淨重30g）

○大蒜橄欖油

橄欖油	½大匙
鹽、蒜泥	各¼小匙

（每人份87kcal、鹽分0.8g）

1 豆腐以2張廚房紙巾包覆，吸去多餘的水分。豆苗依長度切一半。

2 取一調理盆，將大蒜橄欖油的材料與豆苗都加入一起混合，再將豆腐撥成小塊加進盆中一同翻拌均勻即完成。

配菜 2 可以先做好，用餐時即可盛盤上桌，是最好用的下酒菜。

辣味醬油醃毛豆

材料（2人份）

毛豆（不剝殼，冷凍）	150g

○醃汁

醬油、味醂	各2小匙
豆瓣醬	⅓小匙

（每人份64kcal、鹽分0.3g）

1 取一耐熱調理盆，將醃汁的材料都加進去混合，毛豆不退冰，直接加入一起翻拌。

2 輕輕蓋上保鮮膜，微波（600W）加熱2～3分鐘，放涼等入味即可。

配菜 3 山椒豐富的香氣與帶有清涼感的辣味是整體的重點。

山椒炒雞柳

材料（2人份）

雞里肌肉	4條（約200g）
珠蔥	⅓把（約30g）
山椒粉	少許
酒　鹽　沙拉油	

（每人份121kcal、鹽分0.9g）

1 珠蔥切成4cm長的長段，雞里肌剔除白色筋膜，斜刀切成4等分的小片，以1小匙酒、¼小匙鹽抓過。

2 取一平底鍋，加進½小匙沙拉油，開中小火加熱，雞里肌下鍋炒3～4分鐘，加入蔥段、山椒粉快速炒過即可起鍋。

有料的湯品

有很多料的湯品也可以視為配菜之一。忙不過來時，可以在湯裡加進大量的蔬菜，不必煮很多道菜，也能有充實的一餐。如果主食是重口味，湯就煮清淡點，主食是辣的，那就配羹湯緩和，主食若是清爽的，便用帶有甜味的食材＋味噌的湯品，視主食的口味來選擇相對的湯品，組合成圓滿的一餐。

湯品 1　選擇易熟的食材有助於縮短烹調時間。

茄子豆皮味噌湯

材料(2人份)

茄子	1條(約100g)
炸豆皮	1片
高湯	2杯
蔥(切成蔥花)	1根
味噌	

(每人份108kcal、鹽分2.5g)

1 茄子去蒂頭，縱向切4等分後，再橫向切成寬約1cm的小段，泡在水裡約3分鐘後撈起，置於竹篩裡瀝乾水分。炸豆皮先縱切對半後，再橫向切成寬約7～8mm的小片。

2 取一湯鍋，倒入高湯，開中火煮滾，加入茄子、炸豆皮後，轉小火煮約2分鐘，溶入2大匙味噌後熄火，盛入碗中，撒上蔥花即可享用。

使用干貝熬的湯底，讓整碗湯有了高雅的味道。

干貝豆苗冬粉湯

材料(2人份)

豆苗	⅓袋(淨重30g)
冬粉	20g
水煮干貝罐頭(90g)	1罐
○湯底	
雞骨高湯粉	½小匙
鹽、麻油	各⅓小匙
胡椒	少許
水	1¾杯

1 豆苗依長度對半切。取一調理盆，放進冬粉，以熱水沖淋泡開後，置於竹篩上瀝乾，剪成容易入口的長度。

2 取一湯鍋，倒入湯底的材料及整罐干貝罐頭（含湯汁），開中火煮滾，加入豆苗與冬粉煮熟即可。

(每人份80kcal、鹽分2.1g)

 有了番茄汁，不必久熬也能煮出濃郁的口味。

高麗菜火腿番茄湯

材料(2人份)

高麗菜葉	2片(約100g)
里肌火腿	2片
罐裝番茄汁(加鹽，190ml)	1罐
○湯底	
西式高湯粉	½小匙
鹽	¼小匙
胡椒	少許
水	1杯
起司粉	½小匙

1 高麗菜梗處切V字去除硬梗，葉子切成一口大小。火腿以放射狀切成8等分的小片。

2 取一湯鍋，倒入湯底的材料，開中火煮滾，加入高麗菜、火腿，一邊攪拌煮約2分鐘後倒入番茄汁，再次煮滾後即可起鍋，盛入碗中，撒上起司粉即可享用。

(每人份42kcal、鹽分2.0g)

不可或缺的蔬菜類配菜可以在有空時多做些冰在冰箱，在忙著準備餐點時便能省事許多，不用多花時間也能馬上端出一道菜，讓人感到安心。常備菜也可以拿來跟其他食材同炒，又能變化出另一道菜，作為「配菜的基底」來活用，不僅應用範圍廣而且方便。

常備菜

配菜 1

培根的美味滲入蘿蔔之中，讓人吮指回味。

培根漬白蘿蔔絲

材料（容易製作的分量）

白蘿蔔·············15cm（約500g）
培根·····················3片
麻油　鹽　味醂

1 蘿蔔去皮，切成5cm長，縱向切薄片，再橫向切成絲。培根切成寬5mm的長條。

2 取一平底鍋，加進½小匙麻油，開中小火加熱，將蘿蔔絲與培根下鍋炒約2～3分鐘，加½小匙鹽、1大匙味醂，轉中強火再炒2分鐘後，放涼，裝進乾淨、附蓋的容器保存。

（⅙量 64kcal、鹽分0.7g）

上述3道菜都可以
※放冰箱可保存約1週。
※直接吃的話，依取用的分量，調整微波加熱（600W）的時間。

配菜 2

甜甜辣辣好下飯。

甜煮雞蓉糯米椒

材料（容易製作的分量）

糯米椒·······25～28根（約150g）
雞絞肉···················150g
○滷汁
　┌ 高湯（或水）···········½杯
　│ 酒···················⅓杯
　└ 砂糖、醬油·········各1½大匙

1 糯米椒切去1cm的蒂頭，再依長度切3～4等分。取一湯鍋，將滷汁的材料都倒進去混合，加入絞肉以筷子充分撥散後，開中火煮2～3分鐘，過程中用湯匙不斷地在鍋中翻拌，並不時撈除浮沫。

2 加入糯米椒，續煮至湯汁收乾後熄火、放涼，裝進乾淨、附蓋的容器保存。

（⅙量 67kcal、鹽分0.7g）

配菜 3

大量使用富含礦物質的昆布絲。

辣炒昆布豬

材料（容易製作的分量）

昆布絲·····················200g
豬炒肉片···················150g
大蒜（切碎）···············1瓣
辣椒（切碎）···············少許
橄欖油　醬油　鹽　胡椒

1 昆布絲切成容易入口的長度。豬肉切成寬約1cm的小片。

2 取一平底鍋，加進1大匙橄欖油與蒜末，開小火加熱，爆香後加入豬肉，轉中火，邊炒邊撥散，炒約2～3分鐘。

2 昆布絲與辣椒末下鍋快炒，加入1小匙醬油、⅓小匙鹽、胡椒少許調味，轉中強火炒1～2分鐘後熄火，放涼，裝進乾淨、附蓋的容器保存。

（⅙量 79kcal、鹽分0.7g）

三兩下就完成的
蔬食配菜

為了平衡身體狀況，每天的每一餐都需要吃蔬菜。

偏偏煮飯時就算很快決定好主食的魚或肉，卻不知道該如何選擇蔬菜搭配。

此章將介紹可以簡單做又有大量蔬菜、菇類的配菜＆沙拉，

現在就來想像它們的味道或口感，

從中選擇可與主食搭配的吧！

\\清爽!//

\\色彩鮮豔!//

\\低熱量!//

\\香氣十足!//

1種蔬菜就能做出一道菜

　　只用1種蔬菜，兩三下就能完成一道菜！事前準備也輕鬆許多，還能大量攝取豐富的營養素。多元的調味方式可以增加味道的變化，可涼拌、快炒或簡單煮過，活用我們原本熟悉的蔬菜，一點也不浪費地吃光光！

適合搭配炸物或排餐等較油膩主菜的清爽小菜。

甜醋醃蕪菁

材料(2人份)

蕪菁	4顆(約250g)
蕪菁葉	1顆份(約50g)
辣椒(切末)	少許

○甜醋

醋	½大匙
砂糖	2小匙
鹽	少許

鹽

1 蕪菁去皮，縱切對半後再縱向切薄片，放進調理盆中，撒上¼小匙鹽抓過，靜置5分鐘。蕪菁葉以加了少許鹽的熱水燙過，撈起放涼後，擠去水分，切成1cm長。

2 另取一調理盆，將甜醋的材料都倒進去攪拌均勻，將擠去水分的蕪菁、葉子與辣椒末都加進去快速翻拌即完成。

料理／田口成子
每人份54kcal　鹽分1.0g
烹調時間10分鐘

鱈魚子拌蕪菁

材料(2人份)

蕪菁(大)⋯⋯⋯⋯⋯⋯⋯2顆(約150g)
蕪菁葉⋯⋯⋯⋯⋯⋯⋯1顆份(約50g)
○拌料
┌ 鱈魚子⋯⋯⋯⋯⋯⋯½條(約50g)
│ 蔥(切碎)⋯⋯⋯⋯⋯⋯⋯⋯5cm
│ 大蒜、薑(磨成泥)⋯⋯⋯各½瓣
│ 醬油⋯⋯⋯⋯⋯⋯⋯⋯⋯½小匙
└ 辣椒粉⋯⋯⋯⋯⋯⋯⋯⋯⋯少許
鹽

1 蕪菁去皮，縱切對半後再切成厚約7～8mm的扇形。蕪菁葉的梗切成3～4cm長段。取一調理盆，放入上述材料，撒上⅓小匙鹽抓過，靜置10分鐘。

2 鱈魚子縱向劃開外膜，將裡面的魚卵都刮出放到調理盆中，與其他拌料一起混合均勻。將蕪菁與葉子擠去多餘水分後，再加入拌料中快速翻拌即完成。

料理／藤井 惠
每人份57kcal 鹽分1.8g
烹調時間14分鐘

涼拌小黃瓜

材料(2人份)

小黃瓜·····································2根(約200g)

○拌料

蔥(切碎)······························5cm
麻油、醋·····························各1小匙
鹽···¼小匙
粗粒黑胡椒·····························少許

1 小黃瓜切除兩端,以桿麵棒敲碎,再切成
容易入口的長度。

2 取一調理盆,將拌料的材料都倒進去混合
後,加入小黃瓜一同翻拌即可。

料理／今泉久美
每人份35kcal 鹽分0.8g
烹調時間4分鐘

麻油的香氣與醋
的酸味恰到好處,
在口中久久不散。

小黃瓜削了皮
又經過敲打,整個味道
都吃進去了。

辣油拌小黃瓜

材料(2人份)

小黃瓜·····································2根(約200g)

○拌料

白芝麻、麻油·····························各1大匙
鹽、辣油·································各少許
鹽

1 小黃瓜切除兩端,間隔削皮,使外皮呈條
紋狀。在砧板上撒少許的鹽,讓小黃瓜在
上面滾動後,快速沖洗,擦去水分,再以
桿麵棒敲打後切成3cm長段。

2 取一調理盆,將拌料的材料都倒進去混合
後,加入小黃瓜一同翻拌即可。

料理／堤 人美
每人份101kcal 鹽分0.5g
烹調時間5分鐘

鹽昆布拌小黃瓜

材料(2人份)

小黃瓜‥‥‥‥‥‥‥‥‥‥‥‥‥‥‥‥2根(約200g)
鹽昆布‥‥‥‥‥‥‥‥‥‥‥‥‥‥‥‥‥‥‥‥4g

1 小黃瓜切除兩端,切成4cm長段,放入塑膠
袋中綁好,以桿麵棒敲打至容易入口大小。

2 加入鹽昆布,從袋外抓擠,使整體混合均
勻後即完成。

料理╱栗山真由美
每人份16kcal　鹽分0.4g
烹調時間5分鐘

適合
帶便當

有了鹽昆布,
連調味料都不需要,
超快完成!

不用開火就能輕鬆完成,
卻又有深層的味道。

適合
帶便當

三兩下就完成的蔬食配菜

榨菜拌小黃瓜

材料(2人份)

小黃瓜‥‥‥‥1根(約100g)
榨菜(瓶裝)‥‥‥‥‥‥20g
麻油

1 小黃瓜切除兩端,縱切對半再斜刀切成寬
約5mm的片狀。榨菜切細長條。

2 取一調理盆,將小黃瓜與榨菜都倒進去,
淋上少許麻油一同翻拌即可。

料理╱栗山真由美
每人份21kca　鹽分0.7g
烹調時間3分鐘

魩仔魚拌菠菜

材料(2人份)

菠菜……………………………………1把(約250g)

○拌料

魩仔魚………………………………………2大匙
柴魚片……………………………………1小包(約3g)
醬油、橄欖油…………………………………各1小匙鹽
鹽

1 將菠菜的葉子與莖切分開來，依序將莖、葉放入加了少許鹽的熱水中快速燙熟後，撈起泡冷水冷卻後，再擠去水分，切成容易入口的長度。

2 取一調理盆，將拌料的材料都倒入混合，再加進菠菜一同翻拌即完成。

料理／堤 人美
每人份62kcal 鹽分0.9g
烹調時間8分鐘

以帶有甘醇風味的
魩仔魚及柴魚涼拌，
味道更有層次。

家常的芝麻醬加了
罐頭鮪魚，
口感再升級。

鮪魚拌菠菜

材料(2人份)

菠菜……………………………………1小把(約200g)
鮪魚罐頭(80g)…………………………………1罐
白芝麻……………………………………………1大匙
鹽 醬油

1 將菠菜的葉子與莖切分開來，依序將莖、葉放入加了少許鹽的熱水中快速燙熟後，撈起泡冷水冷卻後，再擠去水分，切成4cm的長段。取一調理盆，放入1小匙醬油，菠菜擠去水分放進盆中。鮪魚倒去罐頭中的湯汁。

2 將鮪魚倒入1的盆中，加進白芝麻、½小匙醬油，快速翻拌即完成。

料理／藤井 惠
每人份154kcal 鹽分1.1g
烹調時間8分鐘

柚子胡椒拌菠菜

材料(2人份)

菠菜 ·· ½小把(約100g)

○拌料

|　白蘿蔔(磨成泥、擠去汁液) ············· 5cm

|　檸檬汁、橄欖油 ···························· 各2小匙

|　柚子胡椒、醬油 ···························· 各⅓小匙

鹽

1 將菠菜的葉子與莖切分開來，依序將莖、
葉放入加了少許鹽的熱水中快速燙熟後，
撈起泡冷水冷卻後，再擠去水分，切成約
3cm的長段。

2 取一調理盆，將拌料的材料都倒入混合，
加進菠菜一同翻拌即完成。

料理／堤 人美
每人份59kcal　鹽分0.4g
烹調時間8分鐘

柚子胡椒的辣味與
香氣直衝腦門。

利用市售的
滑子菇罐頭，不用調味，
只要混拌即完成。

適合
帶便當

滑子菇拌菠菜

材料(2人份)

菠菜 ·· ½小把(約100g)

蔥(切碎) ·· ⅕枝

滑子菇(罐頭) ································· 1½大匙

鹽

1 將菠菜的葉子與莖切分開來，依序將莖、
葉放入加了少許鹽的熱水中快速燙熟後，
撈起泡冷水冷卻後，再擠去水分，切成約
5cm的長段。

2 取一調理盆，將菠菜與蔥末都放進去，倒
入滑子菇一同翻拌即完成。

料理／市瀨悅子
每人份17kcal　鹽分0.5g
烹調時間7分鐘

蕗蕎拌番茄

材料(2人份)

番茄(大)	1顆(約250g)
市售甜醋醃蕗蕎	30g
蕗蕎醃汁	1大匙
鹽	

1 番茄去蒂頭,滾刀切成一口大小。蕗蕎切薄片。

2 取一調理盆,將番茄與蕗蕎放進去,加入蕗蕎醃汁及少許鹽快速抓勻即完成。

料理/重信初江
每人份50kcal　鹽分0.9g
烹調時間5分鐘

蕗蕎的爽脆口感
吃來讓人心情大好。

多汁番茄的美味
全都濃縮在這裡。

涼拌番茄

材料(2人份)

番茄(小)	2顆(約350g)
蔥(切碎)	3cm
橄欖油　鹽	

1 番茄去蒂頭,½顆磨成泥,剩下的以滾刀切成一口大小的半月狀。

2 取一調理盆,放入番茄泥與蔥末、½大匙橄欖油、¼小匙鹽,充分混合後,加入番茄塊快速抓勻即完成。。

料理/藥袋絹子
每人份48kcal　鹽分0.8g
烹調時間5分鐘

檸檬醃紅蘿蔔薄片

材料(2人份)

紅蘿蔔(小)·······························1根(約100g)
○拌料
　檸檬(國產)·····························½顆
　橄欖油·······························1½大匙
　砂糖·······························½小匙
　鹽·······························⅓小匙
　粗粒黑胡椒·······························少許

1 紅蘿蔔以刨刀削去外皮，再削成長4～5cm
　 的長條，放入耐熱皿中，輕輕蓋上保鮮
　 膜，微波（600W）加熱1分鐘左右，取出
　 散熱。

2 檸檬仔細清洗後，連皮切末，放進調理盆
　 中，加進拌料的材料，充分混合後，加入
　 紅蘿蔔快速抓勻即完成。

料理／武藏裕子
每人份113kcal　鹽分1.1g
烹調時間8分鐘

橄欖油加檸檬，
構成西式的風味。

紅蘿蔔與奶油起司的
美味雙重奏。

鮮奶油拌紅蘿蔔

材料(2人份)

紅蘿蔔·······························1根(約150g)
奶油起司·······························40g
牛奶·······························1大匙
鹽　粗粒黑胡椒

1 紅蘿蔔削去外皮，依長度切3等分，切薄片
　 後，再縱向切成細絲。

2 取一耐熱調理盆，倒入奶油起司，輕輕蓋
　 上保鮮膜，微波（600W）加熱20秒左右，
　 加進牛奶、少許的鹽混合均勻後，再加入
　 紅蘿蔔一同翻拌。盛入器皿中，撒上少許
　 粗粒黑胡椒即可享用。

料理／市瀨悅子
每人份99kcal　鹽分0.6g
烹調時間8分鐘

鹽檸檬拌高麗菜

材料(2人份)

高麗菜 ·································· ¼顆(約200g)

○拌料

　薑(切絲) ······························ 1小塊
　麻油 ································ 2大匙
　檸檬汁 ······························ 2小匙
　鹽 ································ ½小匙
　胡椒 ································ 少許

檸檬(國產,切半月狀) ················ 適宜

鹽

1. 高麗菜梗處切V字去除硬梗,葉子切成一口大小。撒上少許的鹽,靜置5分鐘後,擠去水分。

2. 取一調理盆,將拌料的材料都倒入混合,加進高麗菜充分抓勻,盛盤,佐以檸檬片即完成。

料理／坂田阿希子
每人份141kcal　鹽分1.8g
烹調時間9分鐘

適合
帶便當

檸檬清爽的風味與
麻油的香醇,
搭配得恰到好處。

有了柚子胡椒的辣味,
讓這道菜也能下酒。

適合
帶便當

柚子胡椒炒高麗菜

材料(2人份)

高麗菜葉 ·································· 4片(約200g)

柚子胡椒 ·································· ¼～½小匙

沙拉油　酒　鹽

1. 高麗菜切成3cm的四方小片。

2. 取一平底鍋,加進1大匙沙拉油,開中火加熱,高麗菜下鍋炒,淋上½大匙的酒,蓋上鍋蓋悶1～2分鐘後掀蓋,加入柚子胡椒、少許的鹽,充分翻炒即完成。

料理／大庭英子
每人份79kcal　鹽分0.6g
烹調時間8分鐘

山椒風味黑芝麻拌四季豆

材料(2人份)

四季豆	15根(約120g)
○拌料	
黑芝麻	2大匙
麻油	1大匙
鹽	¼小匙
山椒粉	少許

1 四季豆去蒂頭,依長度切成3等分,以保鮮膜緊緊包覆,微波(600W)加熱約2分30秒後,取出散熱。

2 取一調理盆,將拌料的材料都倒入混合,加進四季豆充分抓勻即完成。

料理／堤 人美
每人份117kcal　鹽分0.8g
烹調時間7分鐘

適合帶便當

香氣十足的黑芝麻
再加上山椒粉,
讓風味更有變化。

滑順的奶油起司與
柴魚片的甘醇,
融合成一體。

適合帶便當

柴魚拌起司四季豆

材料(2人份)

四季豆	15根(約120g)
奶油起司	40g
柴魚片	½小包(約1.5g)
醬油	

1 四季豆去蒂頭,用熱水燙約3分鐘後,撈起放涼,再切成4〜5cm的長段。

2 取一調理盆,將四季豆、⅔小匙醬油倒入混合,奶油起司掰成小塊後,與柴魚片一同加進盆中翻拌均勻即完成。

料理／小林澤美
每人份85kcal　鹽分0.5g
烹調時間8分鐘

明太子涼拌小松菜

材料(2人份)

小松菜⋯⋯⋯⋯⋯⋯⋯⋯⋯⋯⋯⋯⋯⅓把(約100g)
辣味明太子(小)⋯⋯⋯⋯⋯⋯⋯⋯½條(約30g)
鹽　醬油

1 小松菜以加了少許鹽的熱水煮約30秒後撈
　起，瀝乾放涼，用力擠去水分，切成3cm的
　長段，放入調理盆中，淋上少許醬油。

2 明太子縱向劃開外膜，將裡面的魚卵都刮
　出來放到1的調理盆中，混合均勻即完成。

料理／脇　雅世
每人份26kcal　鹽分0.9g
烹調時間7分鐘

明太子的鹹味與
辣口與多汁的
小松菜十分合拍。

適合
帶便當

青江菜快速燙過是保持
鮮脆口感的美味祕訣。

適合
帶便當

梅醬鰹魚拌青江菜

材料(2人份)

青江菜⋯⋯⋯⋯⋯⋯⋯⋯⋯⋯⋯⋯2株(約250g)
○拌料
梅乾⋯⋯⋯⋯⋯⋯⋯⋯⋯⋯⋯⋯⋯⋯1～2顆
柴魚片⋯⋯⋯⋯⋯⋯⋯⋯⋯⋯⋯1包(約5g)
醬油⋯⋯⋯⋯⋯⋯⋯⋯⋯⋯⋯⋯⋯⋯½小匙
鹽

1 將青江菜的葉子與莖切開，葉子切成一口大
　小，莖縱向對半切開，再切成3～4等分。

2 3杯水加1小匙鹽煮滾後，依序放入青江菜
　的莖與葉快速燙過，撈起於竹篩上放涼。

3 梅乾去籽，剁成泥，與其他拌料一同倒入
　調理盆中混合，青江菜擠乾水分後，加入
　盆中快速拌勻即完成。

料理／今泉久美
每人份24kcal　鹽分1.2g
烹調時間9分鐘

柴魚拌山藥

材料(2人份)

山藥	5cm(約120g)
柴魚片	1小包(約3g)

醋　醬油

1 山藥去皮,以加了少許醋的冷水浸泡5分鐘後撈起,擦乾後切成細絲。取一小鍋,倒入柴魚片,開小火,以筷子翻拌炒1~2分鐘,冒出香氣後,從爐子上移開,放涼。

2 山藥放進1的小鍋中與柴魚片拌勻,盛盤,淋上少許醬油即完成。

料理／田口成子
每人份42kcal　鹽分0.2g
烹調時間9分鐘

適合
帶便當

柴魚片先乾炒過
再使用,香氣更濃。

以香氣十足的芝麻與
溫潤的味噌
包覆鬆軟的芋頭。

適合
帶便當

芝麻味噌拌芋頭

材料(2人份)

小芋頭	5顆(約300g)

○拌料

黑芝麻	1⅔大匙
味噌、砂糖	各1大匙
醬油	½小匙
水	1小匙

1 小芋頭連皮一起徹底清洗後對半切,放進耐熱皿中,輕輕蓋上保鮮膜,微波(600W)加熱5分鐘左右,取出散熱後剝去外皮,以叉子大略壓散。

2 取一調理盆,將拌料的材料都倒入混合,加進芋頭充分抓勻即完成。

料理／落合貴子
每人份154kcal　鹽分1.3g
烹調時間10分鐘

黃芥末籽涼拌蘆筍

材料(2人份)

綠蘆筍··················7〜8根(約150g)
黃芥末籽醬··························2小匙
鹽

1 蘆筍切除根部較硬的部分,再刨去下半段
約5cm的硬皮,斜刀切成2cm的長段,放入
耐熱容調理盆中,輕輕蓋上保鮮膜,微波
加熱(600W)3分鐘左右。

2 取出蘆筍,擦乾水分,將調理盆的水分也
倒掉擦乾,蘆筍放回盆中,加進黃芥末籽
醬與⅙小匙鹽充分拌勻即完成。

料理╱藤井 惠
每人份24kcal 鹽分0.8g
烹調時間8分鐘

適合
帶便當

帶有酸味,
拿來與重口味的主菜
搭配最剛好。

保留青椒的
鮮豔色彩,快速燙過
是一大重點。

魩仔魚拌青椒

材料(2人份)

青椒··························2顆(約120g)
魩仔魚乾····························10g
烤海苔······························適量
醬油

1 青椒縱切對半,去蒂去籽,橫向切成寬約
1cm的條狀,以熱水快速燙熟,放竹篩上瀝
乾。海苔切成1cm的四方小片。

2 將青椒放於盤中,撒上魩仔魚、海苔,淋
上少許醬油,整體翻拌一下即可享用。

料理╱栗山真由美
每人份14kcal 鹽分0.4g
烹調時間7分鐘

芝麻醬拌水菜豆腐

材料(2人份)

水菜‥‥‥‥‥‥‥‥‥‥‥‥‥‥‥‥½(約100g)
板豆腐‥‥‥‥‥‥‥‥‥‥‥‥‥‥½塊(約150g)
紫蘇葉‥‥‥‥‥‥‥‥‥‥‥‥‥‥‥‥3～4片
○芝麻醬
　白芝麻‥‥‥‥‥‥‥‥‥‥‥‥‥‥‥2大匙
　醬油‥‥‥‥‥‥‥‥‥‥‥‥‥‥‥‥1大匙
　砂糖‥‥‥‥‥‥‥‥‥‥‥‥‥‥‥‥½大匙

1 豆腐以廚房紙巾包覆，上頭以1～2個盤子
　壓住，靜置10分鐘，擠出水分。水菜切成
　2cm的長段，紫蘇葉切除莖，切四2cm的四
　方小片。

2 取一調理盆，將拌料的材料都倒入混合，
　豆腐撥成小塊放入盆中，加進水菜一同翻
　拌，盛盤撒上紫蘇葉即完成。

料理／武藏裕子
每人份129kcal　鹽分1.4g
烹調時間13分鐘

輕脆水菜為
豆腐帶來豐富的
口感變化。

清爽的酸味適合用來
清清口中的味道。

甜醋拌蘿蔔苗

材料(2人份)

蘿蔔苗‥‥‥‥‥‥‥‥‥‥‥‥2大盒(約160g)
里肌火腿‥‥‥‥‥‥‥‥‥‥‥‥‥‥‥3片
○拌料
　醋‥‥‥‥‥‥‥‥‥‥‥‥‥‥‥‥‥2大匙
　砂糖‥‥‥‥‥‥‥‥‥‥‥‥‥‥‥‥1大匙
　鹽‥‥‥‥‥‥‥‥‥‥‥‥‥‥‥‥‥1小匙

1 蘿蔔苗依長度對半切，火腿對半切後再切
　成寬約5cm的小片。

2 取一調理盆，將拌料的材料都倒入混合，
　放入蘿蔔苗與火腿，翻拌均勻即完成。

料理／堤 人美
每人份80kcal　鹽分3.1g
烹調時間8分鐘

梅醬拌櫛瓜

材料(2人份)

櫛瓜 ·· 1根(約150g)

○拌料

梅乾 ·· 1顆
味醂 ·· 1小匙

白芝麻 ·· 少許
鹽

1. 櫛瓜切成圓形薄片，撒上½小匙鹽抓過，靜置5分鐘後，用力擠去水分。

2. 梅乾去籽剁成泥狀，與味醂一同倒進調理盆中混合，加入櫛瓜，快速拌勻，盛盤，撒上白芝麻即完成。

料理／新谷友里江
每人份19kcal　鹽分1.3g
烹調時間8分鐘

生櫛瓜很適合
日式調味。簡單的梅醬
讓櫛瓜柔軟好入口。

美乃滋與海苔醬
帶來濃厚而富深度的
甘醇味！

適合
帶便當

海苔美乃滋拌甜豆莢

材料(2人份)

甜豆莢 ·· 20個(約200g)

○拌料

海苔醬(瓶裝) ·· 2小匙
美乃滋 ·· 4小匙

鹽

1. 甜豆莢去蒂去硬絲，以加了少許鹽的熱水煮約1分30秒後撈起，置於竹篩上放涼後，斜切對半。

2. 取一調理盆，將拌料的材料都倒入混合，加進甜豆莢充分拌勻即完成。

料理／新谷友里江
每人份101kcal　鹽分0.7g
烹調時間6分鐘

芥末美乃滋拌蓮藕

材料(2人份)

蓮藕⋯⋯⋯⋯⋯⋯⋯⋯⋯⋯⋯⋯⋯⋯⋯ 1節(約150g)

里肌火腿⋯⋯⋯⋯⋯⋯⋯⋯⋯⋯⋯⋯⋯⋯⋯⋯⋯⋯3片

○拌料

美乃滋、黃芥末籽醬⋯⋯⋯⋯⋯⋯各1大匙

鹽、胡椒⋯⋯⋯⋯⋯⋯⋯⋯⋯⋯⋯⋯各少許

鹽

1 蓮藕去皮，縱切對半後再橫向切成薄片，以
加了少許鹽的熱水煮2～3分鐘後撈起，置
於竹篩上放涼。火腿對半切後，再切成5mm
小片。

2 取一調理盆，將拌料的材料都倒入混合，加
進蓮藕、火腿充分拌勻即完成。

料理／小林澤美
每人份142kcal　鹽分1.4g
烹調時間8分鐘

適合
帶便當

脆脆的口感讓人
吃了會上癮。

三兩下就完成的蔬食配菜

奶油與南瓜的甜味
結合，超速配。

適合
帶便當

奶油醬油拌南瓜

材料(2人份)

南瓜⋯⋯⋯⋯⋯⋯⋯⋯⋯⋯⋯⋯⋯⋯ ⅙顆(約220g)

奶油　醬油

1 南瓜去籽去瓤，間隔削皮，切成2.5cm的
小塊，放進耐熱調理盆中，輕輕蓋上保鮮
膜，微波（600W）加熱2分鐘左右，靜置1
分鐘後，上下翻拌，再次蓋上保鮮膜加熱1
分30秒。

2 趁熱加進1大匙奶油、1又½小匙醬油充分
拌勻即完成。

料理／脇 雅世
每人份116kcal　鹽分0.8g
烹調時間9分鐘

炒蘿蔔的爽脆口感
讓人停不下來！

快炒兩三下

甜醋炒蘿蔔

材料(2人份)

白蘿蔔·······························¼根(約250g)

○調味料

醬油·····························	2小匙
醋·····························	1小匙
砂糖·····························	½小匙
鹽·····························	¼小匙
蒜泥·····························	少許

白芝麻·····························1大匙

鹽 麻油

1 蘿蔔去皮，依長度切3等分後，再切成橫切面為
1cm的四方長棒。撒上少許的鹽抓過，靜置5分鐘
後，擠去水分。將調味料的材料都混合均勻。

2 取一平底鍋，加進2大匙麻油，開中火加熱，蘿蔔
下鍋炒約1分鐘，加進調味料炒至湯汁收乾後，撒
上白芝麻，再快速翻炒兩下即可起鍋。

料理／坂田阿希子
每人份159kcal　鹽分1.9g
烹調時間10分鐘

適合
帶便當

又香又辣的粗粒黑胡椒
統一了整道菜的風味。

鹽炒牛蒡培根

材料(2人份)

牛蒡 ·································· 1根(約150g)

培根 ······························· 2片

沙拉油 酒 鹽 粗粒黑胡椒

1 牛蒡以刷子洗去泥土,縱切對半後再斜切成薄片,
  泡一下水撈起,於竹篩上瀝乾。培根切成寬1cm的
  小片。

2 取一平底鍋,加進½大匙沙拉油,開中火加熱,培
  根下鍋炒至出油後,再加入牛蒡,翻炒至牛蒡整體
  都裹上油,蓋上鍋蓋,轉中小火悶2分鐘左右,再
  轉中火,加入1大匙酒、少許的鹽、粗粒黑胡椒後
  快速炒兩下即完成。

料理/今泉久美
每人份146kcal 鹽分0.8g
烹調時間8分鐘

榨菜炒蘿蔔絲

材料(2人份)

蘿蔔⋯⋯⋯⋯⋯⋯⋯⋯⋯⋯⋯⋯⋯4～5cm(約150g)
榨菜(瓶裝)⋯⋯⋯⋯⋯⋯⋯⋯⋯⋯⋯⋯⋯⋯20g
薑(切絲)⋯⋯⋯⋯⋯⋯⋯⋯⋯⋯⋯⋯⋯⋯⋯1塊
沙拉油 酒 鹽

1 白蘿蔔削皮，切薄片後再切成細絲。榨菜
大致切碎。薑去皮，切絲。

2 取一平底鍋，加進1大匙沙拉油，開中火加
熱，薑、蘿蔔下鍋炒至整體都裹上油，淋
上1大匙酒，蓋上鍋蓋悶1～2分鐘，掀蓋，
轉大火，加入榨菜炒至湯汁收乾，加少許
鹽調味即可起鍋。

料理／田口成子
每人份76kcal 鹽分1.1g
烹調時間7分鐘

適合
帶便當

榨菜恰到好處的
鹹味襯托著
炒出甜味的蘿蔔絲。

使用市售的酸橘醋醬油，
簡單就可決定口味。

酸橘醋炒青椒火腿

材料(2人份)

青椒⋯⋯⋯⋯⋯⋯⋯⋯⋯⋯⋯⋯⋯4顆(約150g)
里肌火腿⋯⋯⋯⋯⋯⋯⋯⋯⋯⋯⋯⋯⋯⋯⋯3片
酸橘醋醬油⋯⋯⋯⋯⋯⋯⋯⋯⋯⋯⋯⋯⋯2小匙
沙拉油 粗粒黑胡椒

1 青椒縱切對半，去蒂去籽，斜刀切長條。
火腿切對半，再切成寬1cm長條。

2 取一平底鍋，加進½大匙沙拉油，開中火
加熱，青椒下鍋炒至整體都裹上油，加入
火腿同炒，淋上酸橘醋、撒上少許粗粒黑
胡椒，翻炒均勻後即可起鍋。

料理／今泉久美
每人份87kcal 鹽分1.1g
烹調時間7分鐘

芝麻香炒南瓜

材料(2人份)

南瓜 ···································· ⅙顆(約230g)
白芝麻 ································· 1½大匙
沙拉油 醬油 味醂

1 南瓜去籽去瓢，切成長3～4cm、寬7～8mm
的小片。

2 取一平底鍋，加進½大匙沙拉油，開中火
加熱，南瓜下鍋兩面各煎2分鐘左右，再
加入白芝麻快速翻炒，轉小火，淋上醬
油、味醂、水各2小匙，整體翻拌均勻後
即可起鍋。

料理／**大島菊枝**
每人份163kcal 鹽分0.9g
烹調時間9分鐘

適合
帶便當

甜甜辣辣的味道與
鬆軟的南瓜是
絕佳組合。

大量的韭菜裹上
鬆軟的蛋，成為一道
營養豐富的配菜。

韭菜炒蛋

材料(2人份)

韭菜 ································ 1把(約100g)
蛋 ·· 1顆
麻油 鹽 胡椒

1 韭菜切成3～4cm長段，蛋打散。

2 取一平底鍋，倒進½大匙麻油，開中火加
熱，韭菜下鍋快炒，倒進蛋液快速翻拌，
蛋呈半熟狀時撒上少許鹽、胡椒再炒一下
即可起鍋。

料理／**上田淳子**
每人份76kcal 鹽分0.5g
烹調時間4分鐘

柴魚片炒糯米椒

材料(2人份)

糯米椒····································· 10根(約60g)
柴魚片····································· 1包 (約5g)
沙拉油　醬油

1 糯米椒切去蒂頭。

2 取一平底鍋，倒進1大匙沙拉油，開中火加熱，糯米椒下鍋炒至帶點焦黃的顏色，加入柴魚片、1小匙醬油，整體翻拌均勻後即可起鍋。

料理／鈴木　薰
每人份74kcal　鹽分0.5g
烹調時間5分鐘

適合帶便當

微苦的糯米椒
簡單炒過
便是讓人上癮的美味。

牛蒡吸飽高湯的甘美，
成了高雅的調味。

適合帶便當

牛蒡炒魩仔魚

材料(2人份)

牛蒡(小) ································· 1根(約100g)
魩仔魚····································· 15g
高湯····································· ½杯
沙拉油　鹽　味醂　醬油

1 牛蒡以刀背刮去外皮後，滾刀切成細長片，泡水5分鐘後撈起，於竹簍上瀝乾。

2 取一平底鍋，加進½大匙沙拉油，開中火加熱，牛蒡下鍋快速翻炒，加入高湯後蓋上鍋蓋，轉小火煮5～6分鐘，過程不時搖動鍋內。

3 加少許的鹽，1大匙味醂、1小匙醬油翻炒，直到湯汁收乾，撒上魩仔魚整體翻拌後即可起鍋。

料理／田口成子
每人份100kcal　鹽分1.5g
烹調時間13分鐘

甜醋炒白菜肉末

材料(2人份)

白菜葉 ································· 2片(約200g)
豬絞肉 ······························· 50g
沙拉油 醋 砂糖 鹽

1 白菜縱切2～4等分後，再橫向切成寬約
2.5cm的小片。

2 取一平底鍋，加進½大匙沙拉油，開中
火加熱，絞肉下鍋炒至整個鬆散，加入白
菜、醋與砂糖各1大匙、鹽⅓小匙，炒約1
分鐘左右即可起鍋。

料理／上田淳子
每人份117kcal　鹽分1.1g
烹調時間8分鐘

絞肉的甜味使
整體風味更加醇厚。

炸豆皮的甘醇更
襯出高麗菜的甜味。

炸豆皮炒高麗菜

材料(2人份)

高麗菜葉 ···························· 4片(約200g)
炸豆皮 ······························· 1片(約30g)
雞骨高湯粉 ·························· ¼小匙
麻油 酒 鹽 胡椒

1 高麗菜梗處切V字去除硬梗，葉子切成一口
大小。炸豆皮以廚房紙巾包覆吸油後，再
橫向切成細長條。

2 取一平底鍋，加進½大匙麻油，開中火加
熱，炸豆皮下鍋炒至表皮酥脆後，放入高麗
菜快速翻炒，加入高湯粉、酒1大匙、鹽¼
小匙、胡椒少許，整體翻拌後即可起鍋。

料理／今泉久美
每人份110kcal　鹽分0.9g
烹調時間8分鐘

甜豆莢炒竹輪

材料(2人份)

甜豆莢	10～12個(約100g)
竹輪	2條(約60g)
辣椒(切碎)	1根

沙拉油 酒 砂糖 味醂 醬油

1 甜豆莢去蒂頭與硬絲。竹輪縱切對半,再斜切成寬約7～8mm的小片。

2 取一平底鍋,倒進½大匙沙拉油與辣椒末,開小火加熱爆香後,甜豆莢與竹輪都下鍋炒,撒進1大匙酒,蓋上鍋蓋,轉中火悶1～2分鐘。

3 依序加入砂糖、味醂各½大匙、醬油⅔大匙,持續翻炒至湯汁收乾即可起鍋。

料理／武藏裕子
每人份141kcal　鹽分1.5g
烹調時間9分鐘

甜甜辣辣的滋味
是很下飯的一道菜。

起司的濃醇是紅蘿蔔
甜味的絕妙搭配。

起司炒紅蘿蔔

材料(2人份)

紅蘿蔔	1根(約150g)
起司粉	1大匙

橄欖油 鹽 辣椒粉(依個人喜好)

1 紅蘿蔔去皮,切成厚約5mm的圓片。

2 取一平底鍋,加進1小匙橄欖油,開中火加熱,紅蘿蔔彼此不重疊地鋪在鍋中,兩面各煎2～3分鐘後,撒上少許的鹽、起司粉,再視個人喜好加少許辣椒粉,翻炒一下即可起鍋。

料理／青木恭子(Studio nuts)
每人份58kcal　鹽分0.6g
烹調時間9分鐘

甜炒地瓜

材料(2人份)

地瓜	1根(約200g)
黑芝麻	少許

○調味料

砂糖、酒	各1大匙
醬油	1小匙

沙拉油

1 地瓜兩端各切除一小段，縱切對半後再橫向切成厚約5mm的小片。調味料的材料都混合在一起。

2 取一平底鍋，加進1大匙沙拉油，開中小火加熱，地瓜彼此不重疊地鋪在鍋中，兩面各煎4分鐘後，淋上調味料，翻拌至整體均匀裹上醬汁後，撒上黑芝麻即完成。

料理／石原洋子
每人份210kcal　鹽分0.5g
烹調時間13分鐘

意外地尾韻悠長，
甘甜回味。

茼蒿與大蒜的強烈香氣
引人食指大動。

香蒜鮪魚炒茼蒿

材料(2人份)

日本茼蒿	1把(約200g)
鮪魚罐頭(70g)	1罐
大蒜(大致切碎)	1瓣
辣椒(切碎)	1根

橄欖油　鹽　胡椒

1 茼蒿摘下葉子，莖斜切成3cm的長段。鮪魚罐頭倒去湯汁。

2 取一平底鍋，加進2小匙橄欖油與大蒜、辣椒，開小火加熱爆香後，轉中火，茼蒿下鍋炒約1分鐘，加入鮪魚同炒約30秒後，撒上¼小匙鹽、適量胡椒即可起鍋。

料理／堤 人美
每人份161kcal　鹽分1.3g
烹調時間7分鐘

煎過的炸豆皮香與
櫻花蝦的風味決定了
這道菜的美味。

炸豆皮快煮蕪菁

材料(2人份)

小蕪菁(含葉)	2顆(約200g)
炸豆皮	1片
櫻花蝦	2大匙
○**煮汁**	
高湯	1杯
醬油、味醂	各1大匙

1 蕪菁切下葉子留下2.5cm的莖,去皮縱切成6～8等
　分。葉子切成5cm長。取一平底鍋,開中火加熱,
　炸豆皮放入鍋中兩面煎至酥脆後取出,切成12等
　分的三角形小片。

2 接著同一個平底鍋將蕪菁下鍋,開中火煎至蕪菁稍
　微上色後,加入煮汁的所有材料,煮滾後加入蕪菁
　葉、炸豆皮、櫻花蝦,煮2～3分鐘即完成。

料理／落合貴子
每人份110kcal　鹽分1.0g
烹調時間10分鐘

咖哩風味高麗菜煮鮪魚

材料(2人份)

高麗菜葉 ·················· 3片(約150g)

鮪魚罐頭(80g) ··················· 1罐

西式高湯粉················· ½小匙

咖哩粉··················· ½小匙

酒 鹽

1 高麗菜梗處切V字去除硬梗，葉子切成一口大小。
炸豆皮以廚房紙巾包覆吸油後，再橫向切成細長
條。鮪魚罐頭倒去湯汁。

2 取一平底鍋，加入高麗菜、¼杯水、高湯粉、鮪
魚，翻拌均勻後，開中火加熱煮滾，蓋上鍋蓋，
轉中小火再煮3～4分鐘後，加入咖哩粉、½大匙
酒、少許鹽，一邊翻拌煮至湯汁收乾即可起鍋。

料理／武藏裕子
每人份129kcal 鹽分0.9g
烹調時間8分鐘

45

高湯煮小松菜

材料(2人份)

小松菜	½把(約150g)
炸麵球	3大匙
○煮汁	
高湯	¾杯
砂糖、酒	各1大匙
醬油	1小匙
鹽	½小匙

1 小松菜切成3～4cm長段。

2 將煮汁的材料倒入鍋中，開中火煮滾後先放進小松菜的莖，煮約1分30秒左右，再加入葉子煮一下，撒下炸麵球，稍微攪拌即可起鍋。

料理／市瀨悅子
每人份40kcal　鹽分1.1g
烹調時間8分鐘

簡單的高湯煮青菜，
多加了炸麵球輕輕鬆鬆地
多添了份甘醇。

鴨兒芹很快熟
短時間即可上桌

高湯煮鴨兒芹

材料(2人份)

鴨兒芹	2把(約120g)
○煮汁	
高湯	2大匙
醬油	1小匙
味醂	½小匙

1 鴨兒芹切成4cm長段。

2 將煮汁的材料倒入鍋中混合，放進鴨兒芹，開中火煮滾後熄火即完成。

料理／藥袋絹子
每人份22kcal　鹽分0.5g
烹調時間3分鐘

豬肉滷白蘿蔔

材料(2人份)

白蘿蔔	¼根(約280g)
豬炒肉片	50g
○煮汁	
高湯	⅓杯
砂糖、味醂	各1大匙
薑片	2片

沙拉油 醬油

1 蘿蔔去皮,切成厚約2cm的圓塊,再以放射狀切成6等分。豬肉切成容易入口的大小。

2 取一平底鍋,加進1小匙沙拉油,開中火加熱,豬肉下鍋炒至變色,蘿蔔入鍋同炒,待所有食材都裹上油後,加入煮汁的所有材料煮滾,蓋上鍋蓋轉小火煮約10分鐘,淋上1大匙醬油,再蓋上鍋蓋煮約2分鐘即完成。

料理╱井原裕子
每人份151kcal 鹽分1.5g
烹調時間16分鐘

適合
帶便當

豬肉的甘美完全滲
入蘿蔔之中。

活用了常被捨棄的
西洋芹葉,
美味又環保。

適合
帶便當

芝麻拌西洋芹葉

材料(2人份)

西洋芹葉	100g
白芝麻	½小匙

鹽 酒

1 大量的水煮滾後,加入½小匙鹽,放入西洋芹葉煮約2分鐘後撈起,泡在冷水中降溫,浸泡約15分鐘,途中水若變熱了就再換新的,變涼後撈起擠去水分,大致切碎。

2 取一小鍋,將1的葉子與1又½大匙酒、¼小匙鹽同入鍋,開中火翻炒至湯汁都收乾,撒上白芝麻,快速拌勻即完成。

料理╱脇 雅世
每人份7kcal 鹽分0.8g
烹調時間20分鐘

讓餐桌華麗升等!豐富多彩的沙拉

只是在菜單中添了一道沙拉,整個餐桌上就變得豐富又多彩。特別是生鮮蔬菜可以提供更完善的營養素,不僅有促進新陳代謝的功用,在吃油脂較多的肉類料理之前,若先攝取生鮮蔬菜,也比較不容易變胖。就讓我們快手製作沙拉,品嚐它現做的美味吧。

生白菜的甜味與
黃芥末籽的
辛辣非常合拍。

生白菜甜椒沙拉

材料(2人份)

白菜葉	2片(約200g)
紅甜椒	1顆(約50g)

○沙拉醬

黃芥末籽醬	2小匙
鹽	⅓～½小匙
胡椒	少許
橄欖油	2大匙

1 將白菜的葉子與芯切分開來,葉子橫向切成寬約1cm的小片,芯切成3cm長,再縱切成寬約1cm的長條。紅甜椒縱切對半,去蒂去籽,再橫向切成細長條。

2 取一調理盆,將沙拉醬的材料依序放入混合,加進白菜與紅甜椒快速混拌即完成。

料理／鈴木 薰
每人份136kcal　鹽分1.2g
烹調時間6分鐘

有飽足感的馬鈴薯
再加上水煮蛋，
口感超群！

綠花椰馬鈴薯蛋沙拉

材料(2人份)

綠花椰菜(小) ························· ½顆(約100g)

馬鈴薯(小) ····························· 2顆(約200g)

水煮蛋 ··· 1顆

○沙拉醬

　黃芥末籽醬、沙拉油 ············· 各1大匙

　醋 ·· 2小匙

　鹽 ··· ⅓小匙

　胡椒 ·· 少許

鹽

1 綠花椰菜分成小株，馬鈴薯去皮，縱切4等分後再切成寬約7～8mm的小塊。水煮蛋剝殼，切成1～1.5cm的小丁。

2 在加了少許鹽的熱水中投入馬鈴薯，煮滾後蓋上鍋蓋煮約3～4分鐘，加入綠花椰，再次蓋上鍋蓋續煮2～3分鐘後全部撈起，置於竹篩上放涼。

3 取一調理盆，將沙拉醬的材料都放入混合，再加進水煮蛋及2的食材快速翻拌即完成。

料理／石原洋子
每人份193kcal　鹽分1.6g
烹調時間13分鐘

49

核桃綠花椰溫沙拉

材料(2人份)

綠花椰菜	½顆(約130g)
核桃(去殼)	30g

○沙拉醬

橄欖油、醋	各1小匙
鹽	⅛小匙
胡椒	少許

鹽

1 綠花椰菜從莖上切下小株，大朵的再縱切對半。莖的部分切除根，去厚皮，切成寬約5mm的圓片。倒入加了少許鹽的熱水中煮約1分鐘，撈起置於竹篩上放涼。核桃大致切碎。

2 取一調理盆，將沙拉醬的材料都放入混合，再加進綠花椰與核桃翻拌即完成。

料理／藤井 惠
每人份137kcal　鹽分0.8g
烹調時間8分鐘

核桃的爽脆口感與堅果特有的濃醇是美味的關鍵。

白菜的清甜與番茄的酸味構成的清爽滋味。

白菜番茄沙拉

材料(2人份)

白菜葉	2片(約180g)
番茄	1顆

○沙拉醬

橄欖油	2大匙
醋	1大匙
砂糖	¼小匙
鹽	⅓小匙
胡椒	適量

鹽　胡椒

1 將白菜的葉子與芯切分開來，葉子橫向切成寬約1cm的小片，芯切成5～6cm長，再縱切成薄片，撒上少許鹽與胡椒抓過。番茄去蒂頭，切成1cm小方塊。

2 取一調理盆，將番茄與沙拉醬的材料都放入混合，再加進白菜快速翻拌即完成。

料理／堤 人美
每人份141kcal　鹽分1.4g
烹調時間5分鐘

綠花椰鮮菇鮪魚沙拉

材料(2人份)

綠花椰菜 ······················· ½顆(約130g)
鴻喜菇 ························· ½包(約50g)
鮪魚罐頭(80g) ···················· 1罐
○沙拉醬
　洋蔥(切丁) ··················· ⅛顆(約25g)
　橄欖油 ·························· 1大匙
　檸檬汁 ·························· ½大匙
　鹽、胡椒 ························ 各少許
鹽

1 綠花椰菜分成小株。鴻喜菇切除根部後分
　小束。鮪魚罐頭倒去湯汁。

2 綠花椰放入加了少許鹽的熱水中煮約1分30
　秒,在快煮熟前加進鴻喜菇煮一下,一同
　撈起置於竹篩上放涼。

3 取一調理盆,將沙拉醬的材料都放入混
　合,再加進綠花椰、鴻喜菇、鮪魚一同翻
　拌即完成。

料理╱市瀨悅子
每人份179kcal　鹽分0.8g　烹調時間10分鐘

有了鮪魚就能
輕鬆決定風味,
整體分量也再升級。

清爽又有奶香的
優格美乃滋
是一大亮點。

優格綠花椰番茄沙拉

材料(2人份)

綠花椰菜 ······················· ⅓顆(約80g)
番茄(小) ························ ½顆(約80g)
○優格美乃滋醬
　無糖優格、美乃滋 ················ 各1大匙
鹽

1 綠花椰菜從莖上切下小株,大朵的再縱切
　對半。倒入加了少許鹽的熱水中煮約1分
　鐘,撈起置於竹篩上放涼。番茄去蒂頭後
　縱切4等分,每一等分再斜切對半。

2 取一大碗,裝入綠花椰與番茄,倒入優格
　美乃滋醬的材料一同混合後即完成。

料理╱井原裕子
每人份65kcal　鹽分0.6g
烹調時間7分鐘

滑順馬鈴薯沙拉

材料(2人份)

馬鈴薯	3顆(約350g)
市售法式沙拉醬	1大匙
○牛奶美乃滋	
┌ 美乃滋、牛奶	各2大匙
巴西利(切碎)	少許

1 馬鈴薯去皮切成2cm小塊,泡水5分鐘,撈起瀝乾,放入鍋中,加水淹過馬鈴薯,蓋上鍋蓋,開中火加熱,水滾後轉小火煮約10分鐘,撈起置於竹篩上放涼。

2 馬鈴薯放回鍋中,開小火,邊加熱邊搖動鍋子直至水分收乾,馬鈴薯變得鬆鬆散散,起鍋移入調理盆中,淋上法式沙拉醬放涼後,再加入牛奶美乃滋的材料,整體翻拌均勻,盛盤、撒上巴西利即完成。

料理／大庭英子
每人份238kcal　鹽分0.5g
烹調時間20分鐘

適合帶便當

馬鈴薯多了一道收乾水分的手續,味道變得更加濃郁。

滿滿德式香腸美味的重口味馬鈴薯沙拉。

適合帶便當

德式香腸馬鈴薯沙拉

材料(2人份)

馬鈴薯	2顆(約250～300g)
德式香腸	2根
○巴西利美乃滋	
┌ 美乃滋	1½大匙
└ 巴西利(切碎)	1大匙
醋　鹽　胡椒	

1 馬鈴薯去皮切成2cm小塊,泡水3分鐘。德式香腸切成厚約5mm的小段。

2 馬鈴薯瀝去水分,放入鍋中,加入大量的水,大火煮滾後轉小火續煮7分鐘,加入德式香腸再煮3分鐘,撈起置於竹篩上放涼。

3 取一調理盆,放入馬鈴薯、德式香腸,醋、鹽、胡椒各少許,快速翻拌,放涼後再加入巴西利美乃滋的材料,充分拌勻即可享用。

料理／今泉久美
每人份195kcal　鹽分0.9g
烹調時間17分鐘

檸檬風味馬鈴薯沙拉

材料(2人份)

馬鈴薯·····························2顆(約250g)
○巴西利美乃滋
　美乃滋···························1½大匙
　巴西利(切碎)······················½大匙
　檸檬皮(國產)·······················適量
鹽　胡椒

1 馬鈴薯去皮切4等分，泡水3分鐘，瀝去水
　分，放入鍋中，加水淹過馬鈴薯，開中火
　加熱，水滾後續煮8～9分鐘，撈起瀝乾，
　以研磨木棒搗碎。

2 在1中加入巴西利美乃滋的材料，加鹽、胡
　椒各少許，盛入容器中，檸檬以少許的鹽
　仔細搓洗外皮，擦乾後以磨泥器磨皮，撒
　在沙拉上即完成。

料理／栗山真由美
每人份137kcal　鹽分0.6g
烹調時間15分鐘

簡單的沙拉裡多了
迷人的檸檬香氣。

有微波爐幫忙，
快速又清淡的
馬鈴薯沙拉。

適合
帶便當

豌豆馬鈴薯沙拉

材料(2人份)

馬鈴薯·····························2顆(約250g)
豌豆(冷凍)···························¼杯
○沙拉醬
　橄欖油···························1大匙
　檸檬汁···························½大匙
　鹽·····························⅓小匙
　胡椒···························少許

1 馬鈴薯去皮切成一口大小，快速沖洗過，
　放入耐熱調理盆中，倒入豌豆，輕輕蓋上
　保鮮膜，微波(600W)加熱5～6分鐘。

2 倒去調理盆中的水分，趁熱加入沙拉醬的
　材料，一邊攪拌一邊壓散馬鈴薯，拌均勻
　即完成。

料理／藤井 惠
每人份157kcal　鹽分1.0g
烹調時間12分鐘

魩仔魚馬鈴薯沙拉

材料(2人份)

馬鈴薯	2顆(約260g)
乾魩仔魚	30～40g

○沙拉醬

麻油	1½大匙
鹽、胡椒	各少許

1 馬鈴薯去皮切成一口大小,放入鍋中,加水淹過馬鈴薯,開中火加熱,水滾後續煮10分鐘,倒去湯汁,再次開中火,邊加熱邊搖動鍋子直至水分收乾,讓馬鈴薯變得鬆鬆散散。

2 馬鈴薯起鍋移入調理盆中,加入魩仔魚及沙拉醬的材料,充分拌勻即完成。

料理╱坂田阿希子
每人份190kcal 鹽分1.1g
烹調時間18分鐘

適合
帶便當

這道沙拉有魩仔魚的鹽味與麻油香,十分好下飯。

美乃滋加醬油,帶來熟悉的風味。

適合
帶便當

芝麻香四季豆馬鈴薯沙拉

材料(2人份)

馬鈴薯	2顆(約250g)
四季豆	4根(約30g)

○芝麻美乃滋

美乃滋	2大匙
醬油、黑芝麻	各1小匙

1 馬鈴薯連皮一起徹底清洗,一顆顆以保鮮膜緊緊包覆,微波(600W)加熱3～4分鐘。取出放涼後,剝皮,切成一口大小。四季豆去蒂,以保鮮膜緊緊包覆,微波加熱1分左右,取出,斜切成約2cm的小段。

2 取一調理盆,放入芝麻美乃滋的材料攪拌均勻,再加入馬鈴薯與四季豆一起拌勻即完成。

料理╱鈴木 薫
每人份182kcal 鹽分0.7g
烹調時間12分鐘

培根馬鈴薯沙拉

適合
帶便當

材料(2人份)

馬鈴薯	2顆(約250g)
培根	2片
○沙拉醬	
醋	1大匙
醬油	½大匙
砂糖	1小匙

1 馬鈴薯去皮切成一口大小，泡水3分鐘，撈起瀝乾後，放入耐熱調理盆，輕輕蓋上保鮮膜，微波（600W）加熱4分30秒，趁熱將馬鈴薯搗散。

2 培根切成寬約1cm的小片，放入平底鍋中，開中火炒至酥脆，依序加入沙拉醬的材料一同煮滾後，連同醬汁一起加到馬鈴薯泥中，充分翻拌即完成。

料理／武藏裕子
每人份166kcal　鹽分1.0g
烹調時間12分鐘

沙拉醬與培根
一起煮過，更加入味。

醋的酸味讓整體的
風味更加溫潤順口。

三兩下就完成的蔬食配菜

鱈魚子馬鈴薯沙拉

材料(2人份)

馬鈴薯	2顆(約250g)
○沙拉醬	
鱈魚子	1條(50~60g)
醋	1大匙
橄欖油	1½大匙

1 馬鈴薯去皮，縱切對半後再橫向切成寬7~8mm的小片。放入耐熱皿中，輕輕蓋上保鮮膜，微波（600W）加熱4分鐘。

2 鱈魚子縱向劃開外膜，將裡面的魚卵都刮出來放到調理盆中，加入沙拉醬的其他材料一起混合均勻，最後放入馬鈴薯快速翻拌即完成。

料理／武藏裕子
每人份206kcal　鹽分1.2g
烹調時間10分

鮮蛋美生菜沙拉

材料(2人份)

美生菜	½顆(約170g)
水煮蛋	1顆

○沙拉醬

洋蔥(切丁)	⅛顆(約25g)
醋	1大匙
鹽	1小匙
胡椒	少許
橄欖油	3大匙

1 美生菜切去芯的部分，撕成一口大小。水煮蛋剝殼後將蛋白與蛋黃分開，各自切成小丁。

2 取一調理盆，放入沙拉醬的材料攪拌均勻，加入美生菜、⅔的水煮蛋一起翻拌，盛盤，再撒上剩下的水煮蛋即完成。

料理／坂田阿希子
每人份257kcal　鹽分3.2g
烹調時間6分鐘

脆綠與鮮黃的對比，
構成一幅如彩圖般繽紛
美麗的沙拉。

優格美乃滋的溫和
酸味可促進食欲。

核桃田園沙拉

材料(2人份)

貝比生菜(baby leaf)	1袋(約50g)
去殼核桃	10g

○優格美乃滋

原味優格	2大匙
美乃滋	1大匙

1 貝比生菜以水快速沖洗後，撈起置於竹篩上瀝乾。核桃大致壓碎。

2 將貝比生菜撒上核桃碎盛盤，混合優格美乃滋的材料後，淋上即完成。

料理／井原裕子
每人份87kcal　鹽分0.2g
烹調時間4分鐘

酪梨番茄生菜沙拉

材料(2人份)

美生菜	4片(約80g)
酪梨	½顆(約90g)
番茄(小)	½顆(約80g)

○沙拉醬

檸檬汁	1大匙
鹽	¼小匙
胡椒	少許
橄欖油	1½大匙

1 美生菜撕成一口大小。番茄去蒂，橫切對半後去籽，再切成1cm的小丁。酪梨去核去皮，放入調理盆中，以叉子壓碎。

2 在有酪梨的調理盆中，依序放入沙拉醬的材料攪拌均勻，再加入美生菜一起翻拌，盛入容器中，撒上番茄丁即完成。

料理／小林澤美
每人份165kcal 鹽分0.5g
烹調時間8分鐘

> 酪梨磨成泥與生菜和在一起，帶來溫厚的口感。

三兩下就完成的蔬食配菜

韓風紅葉沙拉

材料(2人份)

紅葉萵苣	½株(約150g)
蔥	¼根(約25g)
烤海苔(整片)	1片

○沙拉醬

麻油	2大匙
鹽	½小匙
醋	2小匙
檸檬汁、醬油、砂糖	各1小匙
大蒜(磨成泥)	¼瓣

1 紅葉萵苣撕成約5cm的四方小片，蔥斜切成薄片。

2 取一調理盆，放入紅葉萵苣、蔥，淋上沙拉醬中的麻油，徒手翻拌約20回，撒上鹽後快速拌一下，接著放入沙拉醬中所剩的其他材料輕輕翻拌，海苔撕成一口大小撒入盆中，再輕拌一下即完成。

料理／小田真規子
每人份141kcal 鹽分2.0g
烹調時間8分鐘

> 好吃的美味在於用手翻拌，使得調味料均勻入味。

小番茄巴西利沙拉

材料(2人份)

小番茄‧‧‧20顆(約250g)
巴西利(切碎)‧‧‧‧‧‧‧‧‧‧‧‧‧‧‧‧‧‧‧‧‧‧‧‧‧‧‧‧‧‧‧‧‧‧‧‧‧‧2大匙
○沙拉醬
┌ 橄欖油、醋‧‧‧‧‧‧‧‧‧‧‧‧‧‧‧‧‧‧‧‧‧‧‧‧‧‧‧‧‧‧‧‧‧‧各1小匙
└ 鹽、砂糖、粗粒黑胡椒‧‧‧‧‧‧‧‧‧‧‧‧‧‧‧‧‧‧‧‧各少許

1 小番茄去蒂,橫切對半。

2 取一調理盆,將沙拉醬的材料都倒入混
合,加進小番茄與巴西利一起翻拌均勻即
完成。

料理／今泉久美
每人份80kcal　鹽分0.4g
烹調時間3分鐘

巴西利清爽的香氣在
口中滿滿地化開來。

洋蔥與酸味十分相襯,
是一道家常的
番茄沙拉。

洋蔥番茄沙拉

材料(2人份)

番茄‧‧‧‧‧‧‧‧‧‧‧‧‧‧‧‧‧‧‧‧‧‧‧‧‧‧‧‧‧‧‧‧‧‧‧‧‧‧2顆(約400g)
洋蔥(切丁)‧‧‧‧‧‧‧‧‧‧‧‧‧‧‧‧‧‧‧‧‧‧‧‧‧‧‧‧¼小顆(約40g)
紫蘇葉‧‧3片
○沙拉醬
┌ 橄欖油‧‧‧‧‧‧‧‧‧‧‧‧‧‧‧‧‧‧‧‧‧‧‧‧‧‧‧‧‧‧‧‧‧‧‧‧2大匙
│ 醋‧‧‧‧‧‧‧‧‧‧‧‧‧‧‧‧‧‧‧‧‧‧‧‧‧‧‧‧‧‧‧‧‧‧‧‧‧‧½大匙
│ 鹽‧‧‧‧‧‧‧‧‧‧‧‧‧‧‧‧‧‧‧‧‧‧‧‧‧‧‧‧‧‧‧‧‧‧‧‧‧‧¼小匙
└ 胡椒、蒜泥‧‧‧‧‧‧‧‧‧‧‧‧‧‧‧‧‧‧‧‧‧‧‧‧‧‧‧各少許

1 番茄去蒂,切成厚約7mm的圓片。紫蘇切
除硬梗後,切細絲,泡一下水後瀝去多餘
水分。

2 番茄盛盤,撒上洋蔥與紫蘇,沙拉醬的材
料全部混合均勻後淋上即完成。

料理／小林澤美
每人份149kcal　鹽分0.8g
烹調時間6分鐘

番茄溫泉蛋沙拉

材料(2人份)

番茄(小)	1顆(約150g)
溫泉蛋	1顆
沾麵醬油(2倍稀釋)	1大匙
柴魚片	適量

1 番茄去蒂,切成一口大小。沾麵醬油加2大匙開水調和。

2 將番茄盛於碗中,打上溫泉蛋,淋上**1**的沾麵醬油,撒上柴魚片即完成。

料理/武藏裕子
每人份60kcal　鹽分0.7g
烹調時間3分鐘

濃郁的溫泉蛋拌沾麵醬油,再裹上番茄。

蟹肉的風味與番茄的酸甜非常相配!

番茄蟹肉沙拉

材料(2人份)

番茄	1顆(約200g)
蟹肉	30g
○沙拉醬	
洋蔥	⅛顆(約25g)
醋	1大匙
砂糖	½小匙
鹽	⅓小匙
胡椒	少許
橄欖油	

1 番茄去蒂,縱切對半後再橫向切成寬約5mm的小塊。洋蔥橫向切薄片,放入調理盆中,將沙拉醬的材料都倒入混合。

2 將番茄、蟹肉都加進沙拉醬中快速翻拌,淋上2小匙橄欖油再拌過即完成。

料理/栗山真由美
每人份72kcal　鹽分1.1g
烹調時間7分鐘

高麗菜沙拉

材料(2人份)

高麗菜葉	4片(約200g)
紅蘿蔔	剖半，5cm(約30g)
洋蔥	⅒顆(約20g)
○清爽美乃滋	
美乃滋	1大匙
胡椒	少許
醋	1小匙
鹽	

1 高麗菜葉橫向對半切，順著纖維的走向切細絲。紅蘿蔔去皮，縱向切薄片後再切成細絲。洋蔥縱向切細絲。

2 取一調理盆，放入高麗菜、紅蘿蔔、洋蔥，撒上未滿1小匙的鹽，靜置5分鐘後，快速沖洗，瀝乾水分。擦乾調理盆中的水氣，將蔬菜再放回盆中，加入清爽美乃滋的材料翻拌均勻即完成。

料理／上田淳子
每人份72kcal 鹽分1.4g
烹調時間10分鐘

順著蔬菜纖維走向去切，就能突顯出清脆的口感。

香醇的味噌美乃滋與紫蘇葉的香氣帶來層次豐富的感受。

味噌美乃滋拌高麗菜沙拉

材料(2人份)

高麗菜葉	4片(約200g)
紫蘇葉	5片
白芝麻	1大匙
○味噌美乃滋	
味噌	1大匙
美乃滋	2大匙
牛奶	1大匙多一點

1 高麗菜葉切細絲，泡一下水後撈起，置於竹篩中瀝乾。紫蘇葉切去硬梗，撕碎。

2 取一容器，盛入高麗菜、紫蘇，撒上白芝麻，將味噌美乃滋的材料調合在一起，淋上，翻拌均勻即完成。

料理／上田淳子
每人份152kcal 鹽分1.4g
烹調時間8分鐘

芝麻醋高麗菜沙拉

材料(2人份)

高麗菜葉	2片(約100g)
金針菇	½袋(約50g)

○沙拉醬

白芝麻	1½大匙
沙拉油、水	各1大匙
醋	½大匙
砂糖	1小匙
鹽	⅓小匙

1 高麗菜梗處切V字去除硬梗，葉子切成2cm的四方片。金針菇切除根部，依長度切成2～3等分。一同放到耐熱調理盆中混合後，輕輕蓋上保鮮膜，微波（600W）加熱1分30秒左右，取出散熱。沙拉醬的材料全都混合在一起。

2 將高麗菜與金針菇盛盤後，淋上沙拉醬即完成。

料理／脇 雅世
每人份115kcal　鹽分1.0g
烹調時間8分鐘

將香氣迷人的
芝麻醋醬淋在蔬菜上。

咖哩美乃滋拌高麗菜沙拉

材料(2人份)

高麗菜葉	3片(約150g)
花生	10g

○咖哩美乃滋

美乃滋	3大匙
咖哩粉、醬油	各½小匙
鹽	

1 高麗菜葉切成3～4cm的四方小片，以加了少許鹽的熱水稍微煮過，撈起置於竹篩上散熱。花生大致壓碎。

2 取一調理盆，將咖哩美乃滋的材料全都倒入混合，放進高麗菜一同翻拌均勻後盛盤，撒上碎花生即完成。

料理／堤 人美
每人份171kcal　鹽分0.6g
烹調時間8分鐘

花生的脆口與
香氣讓人一吃上癮！

巴西利紅蘿蔔沙拉

材料(2人份)

紅蘿蔔(大)	1根(約180g)
巴西利(切碎)	3大匙

○沙拉醬

鹽	⅓小匙
胡椒	少許
洋蔥泥、醋	各1小匙
橄欖油	2小匙

1 紅蘿蔔削去外皮,再削成帶狀。取一調理盆,依序倒入沙拉醬的材料混合均勻。

2 將紅蘿蔔與巴西利加入沙拉醬中,快速翻拌即完成。

料理／藤井 惠
每人份74kcal 鹽分1.1g
烹調時間6分鐘

組合了含有豐富維他命的蔬菜,徹底享受紅蘿蔔的甜味!

加了蜂蜜,增添溫和甜味的優格醬是美味的關鍵。

紅蘿蔔田園沙拉

材料(2人份)

紅蘿蔔	⅓根(約50g)
紅葉萵苣	2~3片(約60g)
玉米粒罐頭(130g)	½罐

○優格醬

原味優格	2大匙
蜂蜜	½小匙
鹽、胡椒	各少許

1 紅蘿蔔以削皮刀削去外皮,再削成帶狀。紅葉萵苣撕成易入口的大小。玉米罐頭倒掉湯汁。

2 將紅葉萵苣、紅蘿蔔、玉米粒依序放入盤中,再將優格醬的材料混合均勻後,淋上即完成。

料理／今泉久美
每人份50kcal 鹽分0.6g
烹調時間6分鐘

鮪魚紅蘿蔔沙拉

材料(2人份)

紅蘿蔔···²⁄₃根(約100g)
鮪魚罐頭(80g)···½罐
○沙拉醬
　黃芥末籽醬··2小匙
　檸檬、橄欖油····································各1小匙
鹽

1 紅蘿蔔削去外皮，依長度對半切後再切成
　絲。放入調理盆中，撒上少許的鹽，靜置5
　分鐘。鮪魚罐頭倒掉湯汁。

2 紅蘿蔔擠去釋出的水分，再放回調理盆
　中，加入鮪魚、沙拉醬的材料翻拌混合，
　試試味道，若覺得味道不夠，就再撒上少
　許鹽即完成。

料理／荒木典子
每人份98kcal　鹽分0.8g
烹調時間9分鐘

脆口的紅蘿蔔絲再
加上鮪魚的美味。

甜甜的紅蘿蔔與
微苦的西洋菜綜合的
一道沙拉。

西洋菜紅蘿蔔沙拉

材料(2人份)

紅蘿蔔(小)···1根(約100g)
西洋菜···1把(約50g)
○沙拉醬
　醋··1大匙
　鹽··¼小匙
　胡椒··少許
　橄欖油··1½大匙

1 紅蘿蔔以削皮刀削去外皮，再削成5～6cm
　的帶狀。西洋菜切除較硬的莖部，再切成
　每段長約3cm。

2 取一調理盆，依序倒入沙拉醬的材料混合
　均勻，加進紅蘿蔔翻拌後，靜置5分鐘，再
　加入西洋菜，最後再次快速翻拌即完成。

料理／井原裕子
每人份104kcal　鹽分0.8g
烹調時間9分鐘

小黃瓜拌南瓜

材料(2人份)

南瓜(小)‥‥‥‥‥‥‥‥‥‥‥‥‥‥‥‥‥⅛顆(200g)
小黃瓜‥‥‥‥‥‥‥‥‥‥‥‥‥‥‥‥‥‥‥‥1根
○優格美乃滋
　美乃滋‥‥‥‥‥‥‥‥‥‥‥‥‥‥‥‥‥‥2大匙
　原味優格‥‥‥‥‥‥‥‥‥‥‥‥‥‥‥‥‥1大匙
　胡椒‥‥‥‥‥‥‥‥‥‥‥‥‥‥‥‥‥‥‥少許
鹽

1. 南瓜去瓤去籽，切成一口大小，放入耐熱
   調理盆中，蓋上保鮮膜，微波（600W）加
   熱3分鐘左右，取出上下翻面後，再次蓋上
   保鮮膜，微波加熱2～3分鐘，倒去湯汁，
   以叉子大致壓碎。

2. 小黃瓜間隔削皮，使其呈條紋狀，再切薄
   片，撒上⅛小匙的鹽抓過，擠去水分，倒
   入南瓜，加上優格美乃滋的材料一同充分
   翻拌即完成。

料理／藤野嘉子
每人份151kcal　鹽分0.8g
烹調時間13分鐘

適合
帶便當

柔軟滑順的南瓜以
爽脆的小黃瓜搭配。

水煮蛋南瓜沙拉

材料(2人份)

南瓜(大)‥‥‥‥‥‥‥‥‥‥‥‥‥‥‥‥⅙顆(250g)
水煮蛋‥‥‥‥‥‥‥‥‥‥‥‥‥‥‥‥‥‥‥1顆
○沙拉醬
　原美乃滋‥‥‥‥‥‥‥‥‥‥‥‥‥‥‥‥½大匙
　醋、沙拉油‥‥‥‥‥‥‥‥‥‥‥‥‥‥各2小匙
　鹽‥‥‥‥‥‥‥‥‥‥‥‥‥‥‥‥‥‥‥少許
巴西利(大致切碎)‥‥‥‥‥‥‥‥‥‥‥‥‥少許

1. 南瓜去瓤去籽，切成2cm的塊狀，削去部分
   的皮，放入鍋中，注入淹過南瓜的水，開
   中火煮滾後再煮6～7分鐘，倒去水分，再
   開中火，邊煮邊搖動鍋子，直至水分完全
   收乾為止。水煮蛋剝殼，大致切碎。

2. 取一調理盆，將沙拉醬的材料倒入混合均
   勻，加進南瓜與水煮蛋，快速翻拌後盛
   盤，撒上巴西利即完成。

料理／田口成子
每人份194kcal　鹽分0.7g
烹調時間14分鐘

南瓜的甘甜與
水煮蛋的溫和口味
是最佳拍檔。

適合
帶便當

起司優格拌南瓜

材料(2人份)

南瓜(大) ⋯⋯⋯⋯⋯⋯⋯⋯⋯⋯⋯⋯⋯ ⅛顆(200g)

○起司優格美乃滋

美乃滋 ⋯⋯⋯⋯⋯⋯⋯⋯⋯⋯⋯⋯⋯⋯⋯2大匙

原味優格 ⋯⋯⋯⋯⋯⋯⋯⋯⋯⋯⋯⋯⋯⋯1大匙

起司粉 ⋯⋯⋯⋯⋯⋯⋯⋯⋯⋯⋯⋯⋯⋯⋯1小匙

1 南瓜去瓤去籽,切成2cm的塊狀,放入耐熱容器中,注入可淹過南瓜的水,蓋上保鮮膜,微波加熱(600W)4分鐘左右,取出散熱。

2 取一調理盆,倒入起司優格美乃滋的材料混合均勻,加進南瓜翻拌均勻即完成。

料理／堤 人美
每人份168kcal 鹽分0.3g
烹調時間10分鐘

加了起司粉,
整體風味馬上再升級。

微波過的南瓜,
口感鬆軟。

適合
帶便當

南瓜沙拉

材料(2人份)

南瓜 ⋯⋯⋯⋯⋯⋯⋯⋯⋯⋯⋯⋯⋯⋯⋯ ¼顆(350g)

葡萄乾 ⋯⋯⋯⋯⋯⋯⋯⋯⋯⋯⋯⋯⋯⋯⋯1大匙

○優格美乃滋

原味優格 ⋯⋯⋯⋯⋯⋯⋯⋯⋯⋯⋯⋯⋯⋯2大匙

美乃滋 ⋯⋯⋯⋯⋯⋯⋯⋯⋯⋯⋯⋯⋯⋯⋯1大匙

鹽、胡椒 ⋯⋯⋯⋯⋯⋯⋯⋯⋯⋯⋯⋯⋯各少許

1 南瓜去瓤去籽,切成一口大小,放入耐熱調理盆中,加進2大匙水,蓋上保鮮膜,微波加熱(600W)8分鐘左右。

2 以叉子將南瓜大致壓碎,加入葡萄乾及優格美乃滋的材料充分攪拌即完成。

料理／落合貴子
每人份200kcal 鹽分0.6g
烹調時間12分鐘

櫻花蝦炒蘿蔔

材料(2人份)

白蘿蔔	⅓根(約300g)
櫻花蝦	2大匙
大蒜(切碎)	½瓣
○沙拉醬	
麻油	2大匙
醬油	2小匙
醋	1小匙
鹽 麻油	

1 白蘿蔔以削皮刀削去外皮後，再削成1cm寬的帶狀，撒上少許的鹽，靜置5分鐘，用力擠去水分。取一調理盆，倒沙拉醬的材料混合均勻。

2 取一平底鍋，加入1大匙麻油，開中火加熱，大蒜與櫻花蝦下鍋快炒，加進蘿蔔同炒約3分鐘，倒入已調好沙拉醬的調理盆中，快速翻拌即完成。

料理／坂田阿希子
每人份208kcal　鹽分1.2g
烹調時間11分鐘

櫻花蝦與大蒜的香氣十足，很適合下酒的一道菜。

白蘿蔔香料沙拉

材料(2人份)

白蘿蔔(大)	4cm(約200g)
巴西利(切碎)	4大匙
○沙拉醬	
橄欖油	1大匙
檸檬汁	½大匙
胡椒	少許
鹽	

1 白蘿蔔去皮，切成圓薄片後再切成細絲，放入調理盆中，撒上少許的鹽搓揉至變軟，用力擠去水分。

2 擦乾調理盆內的水氣，將蘿蔔放回盆中，加入巴西利，倒進沙拉醬的材料充分翻拌混合即完成。

料理／堤 人美
每人份75kcal　鹽分0.3g
烹調時間9分鐘

切碎的巴西利帶來充足而溫和的香氣。

柚子胡椒通心粉沙拉

材料(2人份)

小黃瓜	1根(約100g)
通心粉	50g

○柚子胡椒美乃滋

美乃滋	2大匙
柚子胡椒	¼～⅓小匙

鹽

1 取一深鍋，加進1ℓ的水煮滾，加入1又½小匙鹽，投入通心粉，依包裝指示煮熟後撈起，置於竹篩上放涼。小黃瓜切除兩端，縱切對半後再斜刀切薄片，放入調理盆中，撒上¼小匙鹽，靜置7～8分鐘後，用力擠去水分。

2 另取一調理盆，將柚子胡椒美乃滋的材料倒入混合，加進通心粉與小黃瓜快速翻拌即完成。

料理／重信初江
每人份182kcal　鹽分1.1g
烹調時間12分鐘

適合帶便當

帶有柚子胡椒
清爽的辣味是成熟大人
喜愛的沙拉。

義式短麵沙拉

材料(2人份)

小黃瓜	1根(約100g)
里肌火腿	3片
義式短麵(依個人喜好選擇螺旋麵等)	60g

○沙拉醬

醋、沙拉油	各2小匙
黃芥末籽醬	1小匙
鹽、胡椒	少許

1 取一深鍋，加進1ℓ的水煮滾，加入1又½大匙鹽，投入義式短麵，依包裝指示煮熟後撈起，置於竹篩上放涼。小黃瓜切薄片，放入調理盆中，撒上少許的鹽，靜置5分鐘後，用力擠去水分。火腿切成1.5cm的四方小片。

2 另取一調理盆，將沙拉醬的材料都倒入混合，加進義式短麵與小黃瓜、火腿，快速翻拌即完成。

料理／上田淳子
每人份207kcal　鹽分1.4g
烹調時間12分鐘

沙拉醬裡多了
黃芥末籽，口味清爽。

適合帶便當

火腿拌西洋芹

材料(2人份)

西洋芹莖(大)	½根(約70g)
西洋芹葉	少許
里肌火腿	2片
○沙拉醬	
黃芥末籽醬	1小匙
橄欖油	1大匙
白酒醋(或醋)	½大匙
鹽	少許

1 西洋芹莖撕去硬絲，斜刀切薄片。葉子切細絲。火腿切成1.5cm的四方小片。

2 取一調理盆，將沙拉醬的材料倒入混合均勻，加進西洋芹莖與葉、火腿，充分翻拌即完成。

料理／井原裕子
每人份96kcal　鹽分0.9g
烹調時間6分鐘

清香的西洋芹佐以黃芥末籽的酸味。

以鮪魚來調和香氣強烈的蔬菜，整體口味溫順好入口。

鮪魚西洋芹沙拉

材料(2人份)

西洋芹莖	1根(約100g)
巴西利(切碎)	4大匙
鮪魚罐頭(80g)	1罐
○沙拉醬	
橄欖油	1大匙
檸檬汁	½大匙
醬油	½小匙
砂糖	1小撮
鹽	¼小匙

1 西洋芹莖撕去硬絲，切成4～5cm長後再縱切成細絲。鮪魚罐頭倒去湯汁。

2 取一調理盆，將沙拉醬的材料倒入混合均勻，加進西洋芹、鮪魚、巴西利，充分翻拌即完成。

料理／堤 人美
每人份174kcal　鹽分1.4g
烹調時間5分鐘

甜豆莢水煮蛋沙拉

材料(2人份)

甜豆莢·······················15根(約150g)
水煮蛋···························1顆
市售法式沙拉醬·················2～3大匙
鹽

1 甜豆莢去梗與硬絲，放入加了少許鹽的熱
水中煮熟，趁顏色還鮮綠時撈起，放入冷
水中降溫後，瀝乾。水煮蛋剝殼，縱向切6
等分成半月狀。

2 取一容器，盛入甜豆莢與水煮蛋，淋上法
式沙拉醬即完成。

料理／大庭英子
每人份156kcal　鹽分0.7g
烹調時間7分鐘

使用市售沙拉醬，
做起來更快速。

三兩下就完成的疏食配菜

優格沙拉醬的
口味清爽，
讓人上癮！

優格拌四季豆

材料(2人份)

四季豆·······················12～13根(約100g)
○沙拉醬
原味優格·······················3大匙
醋·······························½大匙
橄欖油···························1小匙
鹽·····························¼小匙
胡椒·····························少許
鹽

1 四季豆去梗，依長度切4等分，放入加了少
許鹽的熱水中煮1～2分鐘，置於竹篩上放
涼。將沙拉醬的材料都混合均勻。

2 四季豆盛盤，淋上沙拉醬即完成。

料理／重信初江
每人份45kcal　鹽分0.8g
烹調時間7分鐘

鯖魚水菜沙拉

材料(2人份)

水菜	3株(約100g)
水煮鯖魚罐頭(190g)	1罐
○沙拉醬	
橄欖油	½大匙
芥末醬	1小匙
鹽	¼小匙
粗粒黑胡椒	少許

1 水菜切成4～5cm長段。鯖魚罐頭倒去湯汁，魚肉大致撥散。

2 取一調理盆，將沙拉醬的材料倒入混合均勻，加進鯖魚與水菜，充分翻拌即完成。

料理／重信初江
每人份178kcal 鹽分1.6g
烹調時間4分鐘

使用芥末，
調和罐頭鯖魚的味道。

香濃的芝麻醬
讓一大盤的豆苗也能
瞬間掃光！

麻香豆苗沙拉

材料(2人份)

豆苗	1袋(約300g)
○沙拉醬	
醬油、醋、麻油、白芝麻	各½大匙
砂糖	1小撮

1 豆苗切成3cm長段。

2 取一容器盛裝豆苗，調和沙拉醬的材料，淋在豆苗上即完成。

料理／大島菊枝
每人份53kcal 鹽分0.7g
烹調時間3分鐘

貝比生菜蘋果沙拉

材料(2人份)

貝比生菜⋯⋯⋯⋯⋯⋯⋯⋯⋯⋯⋯1袋(約50g)
蘋果⋯⋯⋯⋯⋯⋯⋯⋯⋯⋯⋯⋯⅛顆(約35g)

○沙拉醬

鹽、粗粒黑胡椒⋯⋯⋯⋯⋯⋯⋯⋯各少許
醋、橄欖油⋯⋯⋯⋯⋯⋯⋯⋯各½大匙
起司粉⋯⋯⋯⋯⋯⋯⋯⋯⋯⋯⋯⋯1小匙

1 蘋果連皮一起充分清洗，去核後縱切薄片，連同貝比生菜一起泡一下水後撈起，置於竹篩上瀝乾。

2 貝比生菜與蘋果盛盤，依序撒上沙拉醬的材料，最後撒上起司粉即完成。

料理／栗山真由美
每人份47kcal　鹽分0.5g
烹調時間8分鐘

先以清爽的沙拉醬拌勻，再加上起司的香濃風味。

撥成小塊的豆腐淋上白芝麻醬，風味絕佳。

春菊豆腐芝麻沙拉

材料(2人份)

日本茼蒿(春菊)⋯⋯⋯⋯⋯⋯⋯1小把(約75g)
板豆腐⋯⋯⋯⋯⋯⋯⋯⋯⋯⋯½塊(約150g)

○沙拉醬

白芝麻⋯⋯⋯⋯⋯⋯⋯⋯⋯⋯⋯⋯1大匙
醬油、砂糖⋯⋯⋯⋯⋯⋯⋯⋯各1小匙
鹽⋯⋯⋯⋯⋯⋯⋯⋯⋯⋯⋯⋯⋯⋯少許

1 豆腐以廚房紙巾包覆，靜置約10分鐘。日本茼蒿摘下葉子，莖切成5cm長段，再縱切對半。

2 另取一調理盆，放入日本茼蒿，豆腐也掰成小塊加入其中，倒入沙拉醬的材料一同混合均勻即完成。

料理／石原洋子
每人份95kcal　鹽分0.9g
烹調時間12分鐘

71

清爽秋葵沙拉

材料(2人份)

秋葵··10根(約100g)

○調味醬汁

洋蔥(切碎)·····································¼顆(約50g)

橄欖油···2大匙

檸檬汁···1小匙

鹽、胡椒···各少許

鹽

1 秋葵切去蒂頭，剝去成圈的花萼，撒上多一點的鹽，於砧板上滾動搓揉，去除絨毛。以熱水煮30秒～1分鐘後撈起，斜切對半。洋蔥碎泡水3分鐘後撈起擠乾。

2 取一調理盆，倒入調味醬汁的材料混合均勻，加進秋葵，快速翻拌即完成。

料理／坂田阿希子
每人份136kcal　鹽分0.6g
烹調時間8分鐘

只用簡單的調味，享受秋葵特有的風味與口感。

濃郁的酪梨與清爽的酸橘醋搭配的組合新鮮味十足。

酸橘醋拌酪梨沙拉

材料(2人份)

酪梨··1顆(約180g)

番茄··½顆(約100g)

生海帶芽···50g

○沙拉醬

酸橘醋、麻油·································各1大匙

砂糖···¼小匙

薑(磨成泥)·····································½塊

水···½大匙

1 刀子從酪梨的縱向深入劃一圈，左右兩邊反方向轉開，取出核後再去皮，切成2cm的小丁。番茄去蒂頭，切成2cm小丁。海帶芽切成一口大小，擠去水分。

2 取一容器盛裝酪梨、番茄、海帶芽，沙拉醬的材料混合均勻後淋上即完成。

料理／下条美緒
每人份161kcal　鹽分1.0g
烹調時間6分鐘

菠菜凱薩沙拉

材料(2人份)

沙拉菠菜	1包(約150g)
培根	2片
溫泉蛋	1顆
○沙拉醬	
美乃滋、牛奶	各2大匙
起司粉	1大匙
大蒜泥	少許

1 培根一片切3等分,放入平底鍋中開中小火,煎約2～3分鐘,過程不時翻面。起鍋後,放在廚房紙巾上吸取多餘油分。沙拉菠菜依長度切3等分。將沙拉醬的材料混合均勻。

2 取一容器,盛入菠菜與培根,打上溫泉蛋,要開動之前將溫泉蛋戳破,淋上沙拉醬即完成。

料理／堤 人美
每人份251kcal　鹽分0.8g
烹調時間9分鐘

濃厚的沙拉醬&
溫泉蛋,成就出一道
溫潤美味的生菜沙拉。

芥末美乃滋拌雙絲

材料(2人份)

牛蒡(大)	½根(約100g)
紅蘿蔔	⅛根(約20g)
○沙拉醬	
美乃滋	2½大匙
檸檬汁	½小匙
黃芥末醬	⅓小匙
鹽、胡椒	各少許
白芝麻	1大匙

1 牛蒡以刀背刮皮,切成長5cm細絲。紅蘿蔔去皮,同樣切細絲。將紅蘿蔔放入熱水中煮約1分鐘,置於竹篩上放涼。接著將牛蒡下鍋煮約2分30秒左右,同樣置於竹篩上。

2 取一調理盆,將沙拉醬的材料都倒入混合,加入牛蒡與紅蘿蔔一同翻拌,均勻裹上醬汁即完成。

料理／市瀨悅子
每人份163kcal　鹽分0.8g
烹調時間10分鐘

紅蘿蔔與牛蒡
依序下鍋煮,
保持清脆的口感。

適合
帶便當

海苔山藥生菜沙拉

材料(2人份)

奶油生菜	4～5片(約80g)
山藥(小)	10cm(約200g)
烤海苔(整片)	1片

○沙拉醬

橄欖油、醋	各1大匙
醬油	½大匙
砂糖	½小匙

1 奶油生菜與海苔撕成容易入口的大小。山藥去皮後放入塑膠袋中，以桿麵棒敲碎。

2 取一調理盆，將沙拉醬的材料均勻混合後，加入奶油生菜、山藥、海苔後，充分翻拌即完成。

料理／武藏裕子
每人份129kcal　鹽分0.7g
烹調時間6分鐘

以桿麵棒敲打過的山藥，不規則的斷面更容易入味

蕪菁蘋果沙拉

以鹽搓揉過的小蕪菁與蘋果的自然甜味十分相襯。

材料(2人份)

小蕪菁	3～4顆(約200g)
蕪菁葉	1顆份(約50g)
蘋果(小)	½顆(約120g)

○沙拉醬

橄欖油	2大匙
鹽	½～⅔小匙
黑胡椒	少許
檸檬汁	2小匙

鹽

1 蕪菁去皮，對半切後再縱向切成厚約3～4mm的小片。蕪菁葉子切成寬約5mm的小片。放入調理盆中，撒上少許的鹽搓揉後，擠去水分，擦乾調理盆中的水氣，再將蕪菁與葉子放回。蘋果帶皮清洗，縱切4等分，去核，橫向切薄片，放入調理盆中。

2 取較小的容器，將沙拉醬的材料倒入混合均勻，加入1的調理盆中，翻拌即完成。

料理／坂田阿希子
每人份168kcal　鹽分1.8g　烹調時間9分鐘

火腿地瓜沙拉

材料(2人份)

地瓜(小)⋯⋯⋯⋯⋯⋯⋯⋯⋯⋯ 1顆(約250g)
里肌火腿⋯⋯⋯⋯⋯⋯⋯⋯⋯⋯⋯⋯⋯ 2片
美乃滋　鹽　胡椒

1 地瓜連皮一起充分清洗，兩端切去約2cm，
以保鮮膜緊緊包覆，微波（600W）加熱約
2分鐘後，上下翻面，再加熱2分鐘。放入
調理盆中，以叉子大致壓碎。

2 火腿切對半後，切成寬約1cm的小片，加入
1的調理盆中，加進3大匙美乃滋、鹽與胡
椒各少許，充分翻拌後即完成。

料理／重信初江
每人份315kcal　鹽分1.2g
烹調時間10分鐘

適合
帶便當

吃得到地瓜的鬆爽口感
與溫和的甜味，讚！

清爽的芋頭跟
玉米的甘甜十分搭配。

適合
帶便當

芋泥沙拉

材料(2人份)

小芋頭⋯⋯⋯⋯⋯⋯⋯⋯⋯⋯⋯⋯ 4顆(約250g)
玉米罐頭(130g)⋯⋯⋯⋯⋯⋯⋯⋯⋯⋯ ¼罐
○沙拉醬
　美乃滋⋯⋯⋯⋯⋯⋯⋯⋯⋯⋯⋯⋯ 1大匙
　檸檬汁⋯⋯⋯⋯⋯⋯⋯⋯⋯⋯⋯⋯ 1小匙
　鹽、胡椒⋯⋯⋯⋯⋯⋯⋯⋯⋯⋯⋯ 各少許

1 小芋頭連皮一起充分清洗，放入耐熱塑膠
袋中，將開口處對摺，微波（600W）加熱
約5分鐘後取出散熱。玉米罐頭倒去湯汁。

2 小芋頭剝去外皮，放入調理盆中，以叉子
壓至完全鬆散，加入玉米粒與沙拉醬的材
料，充分翻拌即完成。

料理／藥袋絹子
每人份119kcal　鹽分0.7g
烹調時間11分鐘

鮮菇奶油蒸

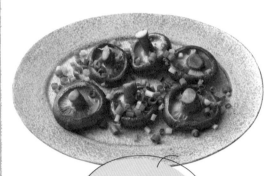

用微波加熱，即可速成！
香菇甘醇的美味也讓人
大大滿足。

材料(2人份)

新鮮香菇	6朵(約120g)
蔥(切小段)	1枝
奶油 醬油	

1 香菇切去蒂頭，傘面朝下並排於耐熱皿中，2小匙的奶油平均分成6等分，置於香菇傘面裡，1又½小匙的醬油均勻地淋在所有香菇上。

2 輕輕蓋上保鮮膜，微波（600W）加熱2分30秒左右後取出，連同湯汁一起盛盤，撒上蔥花即完成。

料理／瀨尾幸子
每人份57kcal 鹽分0.8g
烹調時間6分鐘

酥炒洋菇

材料(2人份)

洋菇(小)	10朵(約120g)
大蒜(切碎)	1瓣
辣椒(切碎)	½根
巴西利(切碎)	少許
橄欖油 鹽	

1 洋菇切去蒂頭，縱切對半。

2 取一平底鍋，加進2大匙橄欖油與蒜末、辣椒，開中火加熱，爆香後將洋菇下鍋炒約2分鐘，撒上¼～⅓小匙鹽，起鍋盛盤，撒上巴西利即完成。

料理／荒木點子
每人份124kcal 鹽分0.8g
烹調時間5分鐘

大蒜與橄欖油的
香氣引人食指大動。

菇菇健康小菜

有柚子胡椒的爽口辣味，
適合下酒的小菜。

蘿蔔泥拌香菇

材料(2人份)

新鮮香菇	6朵(約120g)
○拌料	
白蘿蔔(磨成泥，輕輕擠去水分)	⅛根(約200g)
柚子胡椒	¼小匙
醬油	少許
麻油 鹽	

1 香菇切去蒂頭，撕成2～4塊。取一平底鍋，加進少許麻油，開中火加熱，香菇下鍋，撒上少許的鹽，煎4～5分香菇變軟為止，過程不時翻面。

2 取一調理盆，將拌料的材料都混合在一起，加入香菇一同快速翻拌即完成。

料理／青木恭子 (studio nuts)
每人份34kcal 鹽分0.7g
烹調時間9分鐘

起司拌炒杏鮑菇

適合帶便當

以悶蒸的方式料理，可濃縮保存杏鮑菇的香氣。

材料(2人份)

杏鮑菇……1大包(約150g)

起司粉……………2大匙

橄欖油 鹽 粗粒黑胡椒

料理／大庭英子

每人份102kcal　鹽分0.8g

烹調時間7分鐘

1 杏鮑菇切去少許的根部，縱向切4等分，若太長可再依長度對半切。

2 取一平底鍋，加進1大匙橄欖油，開中火加熱，杏鮑菇下鍋翻炒，整體都裹上油後，蓋上鍋蓋，悶蒸2～3分鐘，過程不時搖動鍋子。掀蓋，撒上⅕小匙鹽、少許粗粒黑胡椒，熄火，撒上起司粉，整體翻拌後即完成。

說到蔬菜不可不提到含有豐富食物纖維，熱量又低的菇類。 一年四季都可以便宜買到的食材，怎可以不多用來做個小菜呢？菇類只要切一切馬上就能使用的便利性，正是「回到家才要開始做菜」最強而有力的幫手。 菇類的風味甘美濃醇，不論是做小菜或煮湯都很推薦。

味噌美乃滋拌舞菇

適合帶便當

材料(2人份)

舞菇……1大包(約150g)

○味噌美乃滋

[美乃滋……………2大匙

味噌……………½大匙]

鹽

料理／大庭英子

每人份101kcal　鹽分1.0g

烹調時間7分鐘

1 舞菇撕成容易入口的小塊，放入加了少許鹽的熱水中煮約3分鐘，撈起置於竹篩上放涼。

2 取一調理盆，將味噌美乃滋的材料都混合在一起，加入舞菇一同充分翻拌即完成。

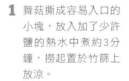

有很多間隙的舞菇，可以充分吸收味噌美乃滋。

充分吸收高湯，成就出滋味深厚的美味。

炸豆皮炒鴻喜菇

適合帶便當

材料(2人份)

鴻喜菇……包(約100g)

炸豆皮……………1片

○煮汁

[高湯……………½杯

醬油……………1大匙

味醂……………½大匙

砂糖……………1小匙]

沙拉油

料理／武藏裕子

每人份116kcal　鹽分1.4g

烹調時間9分鐘

1 鴻喜菇切去蒂頭，撥散。炸豆皮橫向切成寬約1cm的長條。

2 取一平底鍋，加進½大匙沙拉油，開中火加熱，放入炸豆皮煎出金黃色後，鴻喜菇下鍋同炒約2分鐘，加入煮汁的材料，煮2～3分鐘，不時翻拌直至湯汁收乾為止。

用快熟的食材，煮出簡單的味噌湯。

糯米椒金針菇味噌湯

材料(2人份)
金針菇……1包(約100g)
糯米椒……3根(約20g)
高湯……………2杯
味噌

料理／市瀨悅子
每人份41kcal　鹽分1.9g
烹調時間7分鐘

1 金針菇除根部，撥散成小束。糯米椒去蒂頭，再切成小薄片。

2 取一湯鍋，倒入高湯開中火，煮滾後加入金針菇煮約2分鐘，再加進糯米椒，稍微煮一下，溶入1又½大匙的味噌，轉小火再煮一下即完成。

加了柴魚片與泡醋昆布絲，輕鬆決定味道。

金針梅子昆布羹

材料(2人份)
金針菇……⅔包(約70g)
梅乾……………1顆
泡醋昆布絲………5g
柴魚片…………2大匙
醬油

料理／小林澤美
每人份 17kcal　鹽分1.6g
烹調時間7分鐘

1 金針菇切除根部，再依長度切3等分。梅乾去籽撕成兩半，與泡醋昆布絲、柴魚片同入容器之中。

2 取一湯鍋，倒入2杯水煮滾，加入金針菇稍微煮一下，加進2小匙醬油，倒入1的容器之中即完成。

舞菇海苔蛋花湯

材料(2人份)
舞菇………1包(約100g)
蛋………………1顆
青海苔粉………1小匙
高湯……………2杯
醬油　鹽

料理／重信初江
每人份 53kcal　鹽分1.8g
烹調時間7分鐘

1 舞菇撥散成小束。蛋打散，加入青海苔一同混合。

2 取一湯鍋，倒入高湯、1小匙醬油，開中火煮滾後，加入舞菇稍微煮一下，倒入蛋液，煮出鬆柔的蛋花後即可熄火起鍋。

家常的蛋花湯多了舞菇與青海苔，風味更香醇。

中式綜合菇湯

材料(2人份)
滑子菇……1包(約100g)
舞菇………½包(約50g)
蔥(切小段)…………1枝
○煮汁
　雞骨高湯粉……1小匙
　鹽、麻油……各½小匙
　水………………2杯

料理／重信初江
每人份 25kcal　鹽分2.2g
烹調時間7分鐘

1 滑子菇倒在竹篩上，快速清洗。舞菇撥散成小朵。

2 取一湯鍋，倒入煮汁的材料中火煮滾，加入滑子菇與舞菇，再次煮滾後盛入碗中，撒上蔥花即完成。

活用菇類的風味，輕輕調味即可。

金針青蔥湯

材料(2人份)

金針菇⋯⋯1包(約100g)
蔥⋯⋯⋯⋯⋯2～3枝
○湯底
　高湯⋯⋯⋯⋯1½杯
　酒、味醂、醬油
　⋯⋯⋯⋯⋯各1大匙
　鹽

料理／館野鏡子
每人份42kcal　鹽分1.9g
烹調時間6分鐘

1 金針菇切除根部，切成3cm長段。蔥斜切成寬約2cm的小段。

2 取一湯鍋，加入金針菇與湯底的材料，開中火煮滾後轉小火煮約1分鐘，加少許的鹽，加入蔥段後即可熄火起鍋。

加了柴魚片同煮，就不需事先熬高湯。

重口味的湯底與清爽的食材搭配而成的湯品。

滑子菇海帶芽味噌湯

材料(2人份)

滑子菇⋯⋯1包(約100g)
海帶芽(乾燥)⋯⋯1小匙
柴魚片⋯⋯1小包(約3g)
味噌

料理／井原裕子
每人份 48kcal　鹽分2.4g
烹調時間7分鐘

1 滑子菇倒在竹篩上，快速清洗後瀝乾。

2 取一湯鍋，倒入柴魚片、2杯水，開中火煮滾後，加入舞菇、海帶芽煮1～2分鐘，溶入2大匙味噌，稍微煮一下，即可熄火起鍋。

鮮菇豆腐湯

材料(2人份)

鮮香菇⋯⋯3朵(約60g)
板豆腐⋯⋯½塊(約150g)
雞高湯粉⋯⋯⋯1小匙
醬油

料理／藤井 惠
每人份 63kcal　鹽分0.9g
烹調時間9分鐘

1 香菇切除根部，再切成薄片。豆腐縱切對半後再橫向切成厚約1cm的小塊。

2 取一湯鍋，倒入雞高湯粉、1又½杯水，開中火煮滾後，加入豆腐，再次煮滾，轉中小火續煮2～3分鐘，加入½小匙醬油即可熄火起鍋。

喜菇以奶油炒過，更添香醇。

西式鮮菇蛋花湯

材料(2人份)

鴻喜菇⋯⋯1包(約100g)
蛋⋯⋯⋯⋯⋯⋯1顆
西式高湯塊⋯⋯⋯½塊
白酒(或酒)⋯⋯⋯1大匙
奶油　鹽　粗粒黑胡椒

料理／館野鏡子
每人份 65kcal　鹽分1.0g
烹調時間9分鐘

1 蛋打散。鴻喜菇切去根部撥散，取一鍋，放進1小匙奶油，開中火融化奶油後，鴻喜菇下鍋快速拌炒。

2 在1的鍋中，加入高湯塊、白酒與1又½杯水，煮滾後再續煮2分鐘，加少許的鹽、倒入蛋液，煮出鬆軟的蛋花後即熄火，盛入碗中，撒上少許粗粒黑胡椒即完成。

鮮香菇從冷水開始煮，便能充分利用其甘醇美味。

清香檸檬蒸杏鮑菇

活用微波爐快速蒸煮。檸檬的香氣十分輕柔迷人。

材料(2人份)
杏鮑菇……1包(約100g)
檸檬(國產,切圓薄片)
………………2片

酒 鹽

料理／重信初江
每人份16kcal 鹽分0.8g
烹調時間5分鐘

1 杏鮑菇對半切,再縱向切4等分,放進耐熱調理盆中,撒上1小匙酒、¼小匙鹽,翻拌均勻。

2 鋪上檸檬片,輕輕蓋上保鮮膜,微波(600W)加熱2分鐘左右即完成。

酸橘醋拌金針鮪魚

金針菇也能有滑子菇般的黏稠度,十分美味。

材料(2人份)
金針菇
………1大袋(約180g)
鮪魚罐頭(60g)……½罐
酸橘醋醬油…………適量
海苔粉………………少許

料理／栗山真由美
每人份64kcal 鹽分1.0g
烹調時間6分鐘

1 金針菇除根部後切對半。鮪魚罐頭倒掉湯汁。

2 取一耐熱皿,放入金針菇,鮪魚肉撥散鋪上,輕輕蓋上保鮮膜,微波(600W)加熱2分30秒,翻拌後盛盤,淋上酸橘醋醬油,撒上海苔粉即完成。

韓式泡菜拌綜合菇

材料(2人份)
鮮香菇………3朵(約60g)
鴻喜菇……½大包(約70g)
白菜泡菜………………50g
烤海苔(整片)…………½片
醬油 麻油

料理／小林澤美
每人份31kcal 鹽分0.8g
烹調時間6分鐘

1 香菇除根部,再切成寬約1cm的小片。鴻喜菇切去根部撥散。泡菜大切小片。

2 取一耐熱皿,放入鴻喜菇與鮮香菇,輕輕蓋上保鮮膜,微波(600W)加熱1分30秒,加入½小匙醬油、½小匙麻油、泡菜一同翻拌,海苔撕小片加入,充分拌勻即完成。

泡菜的辣口、麻油與海苔的香氣,餘韻悠長。

蒜香綜合菇

材料(2人份)
鴻喜菇……1包(約100g)
杏鮑菇………1根(約50g)
洋蔥…………¼顆(約50g)
大蒜(切碎)…………⅓瓣
辣椒(切碎)…………½根
橄欖油 鹽 胡椒

料理／市瀨悅子
每人份52kcal 鹽分0.4g
烹調時間9分鐘

1 鴻喜菇切除根部,撥成小朵。杏鮑菇縱向對半切,再縱向切薄片。洋蔥縱向切薄片。

2 取一平底鍋,加進½大匙橄欖油、大蒜、辣椒,開中火加熱,爆香後將鴻喜菇、杏鮑菇、洋蔥下鍋翻炒至熟透變軟,撒上鹽、粗粒黑胡椒各少許即完成。

洋蔥的甜味柔和了大蒜的嗆辣。

Part 2

可以快速上桌的
方便食材！

想要替配菜增加一些分量時，有這些不必事先處理的食材就很方便。

如直接吃就很美味的「豆腐」、越煮越甘甜的「油豆腐、炸豆皮、魚漿製品」、

不必動刀的「蛋」或「罐頭」，都是馬上可以下鍋，且物美價廉的可靠幫手。

與蔬菜、魚貝類組合，不必花太多功夫，

馬上就能做出一道菜！方便的食材快速又有貢獻。

\\罐頭//

\\魚漿製品//

\\海藻//

\\豆腐//

\\蛋//

豆腐

不挑味的萬能選手！

> 豆腐與雞肉
> 都是用微波加熱就能
> 輕鬆完成的小菜。

溫豆腐佐雞蓉

材料(2人份)

嫩豆腐	1塊(約200g)

○雞蓉

雞絞肉	100g
薑(切碎)	2小匙
高湯	3大匙
味醂、味噌	各½大匙
太白粉、醬油	各1小匙
黃芥末醬	½小匙

1 取一耐熱調理盆，放入雞蓉的材料混合均勻，輕輕蓋上保鮮膜，微波（600W）加熱2分鐘，取出後整體翻拌，再次輕輕蓋上保鮮膜，微波加熱40秒。

2 豆腐對半切後擺進耐熱皿，輕輕蓋上保鮮膜，微波（600W）加熱2分～2分30秒，倒去湯汁，盛盤，佐上雞蓉即可上桌。

料理／藥袋絹子
每人份169kcal　鹽分1.2g
烹調時間8分鐘

可以快速上桌的方便食材！

豆瓣醬的辣味與
蔥的香氣，
吃完身體暖烘烘。

韓式辣豆腐

材料(2人份)

板豆腐	½塊(約150g)
蔥	5枝

○湯底

雞高湯粉	½小匙
水	1杯
醬油	½大匙
豆瓣醬	少許

1 豆腐對半切。蔥切成1cm的小段。

2 取一湯鍋，倒入雞高湯粉、水，開中火煮滾後，加入醬油、豆腐，再次煮滾，轉小火續煮1～2分鐘，連同湯汁一起盛盤，撒上蔥段，淋上豆瓣醬即完成。

料理／藤野嘉子
每人份 64kcal 鹽分1.2g
烹調時間6分鐘

山藥溫泉蛋涼拌豆腐

材料(2人份)

嫩豆腐	1塊(約300g)
山藥	2.5cm(約80g)
溫泉蛋	2顆
蔥(切小段)	適量
醬油	

1 山藥去皮，裝在塑膠袋中，以桿麵棍大致敲碎。

2 豆腐拭去水分，對半切，放入容器中，擺上山藥與溫泉蛋，撒上蔥花，淋上少許醬油即可上桌。

料理／新谷友里江
每人份111kcal　鹽分0.5g
烹調時間4分鐘

溫泉蛋加山藥泥和在一起，與豆腐同入口分量十足的涼拌菜

炒得香酥又甜甜鹹鹹的魩仔魚，好吃得讓人吮指回味。

香炒魩仔魚拌豆腐

材料(2人份)

板豆腐	½塊(約150g)
魩仔魚	20g
○調味料	
砂糖	½大匙
醬油	1大匙
醋	1½大匙
麻油	

1 豆腐以廚房紙巾包覆，靜置10分鐘，瀝去水分。

2 取一平底鍋，加進½大匙麻油，開中火加熱，將魩仔魚下鍋炒至酥脆，依序加入調味料的材料，整體翻拌。豆腐掰成一口大小，盛入容器中，鋪上炒好的魩仔魚即可上桌。

料理／武藏裕子
每人份120kcal　鹽分2.0g
烹調時間12分鐘

時蔬涼拌豆腐

材料(2人份)

嫩豆腐	1塊(約300g)
小黃瓜	1根(約100g)
茗荷(大)	1顆(約15g)

○拌料

醬油	2小匙
醋	少許

鹽

1 小黃瓜切除兩端，與茗荷一起切成薄片，放入調理盆中，撒上½小匙鹽，靜置5分鐘後，擠去水分。擦乾調理盆內的水氣後再放回去，加入拌料的材料，快速翻拌。

2 豆腐拭去水分後，切4等分，盛入容器之中，鋪上小黃瓜與茗荷即可上桌。

料理／坂田阿希子
每人份97kcal　鹽分1.4g
烹調時間8分鐘

小黃瓜爽脆的口感
加上茗荷的香氣，
後味十分清爽宜人。

可以快速上桌的方便食材！

佐上中式香料蔬菜，
也適合下酒的一道小菜

蔥末榨菜涼拌豆腐

材料(2人份)

嫩豆腐	1塊(約300g)

○調味醬料

榨菜(瓶裝，切碎)	30g
蔥(切碎)	⅓枝
醬油、醋、麻油	各2小匙

1 將味醬料的材料都混合在一起。

2 豆腐拭去水分後對半切，盛入容器之中，鋪上調味醬料即可上桌。

料理／荒木典子
每人份138kcal　鹽分1.9g
烹調時間3分鐘

義式番茄豆腐沙拉

材料(2人份)

板豆腐 ·· ½塊(約150g)
番茄(小) ·· 1顆(約100g)
○沙拉醬

橄欖油 ··· 1大匙
醬油 ··· 1½小匙
醋 ··· 1小匙
鹽 ··· 少許

1 豆腐拭去水分後,切成厚約1cm的片狀。番茄去蒂頭,縱切對半後,再橫向切厚約7～8mm的片狀。

2 將豆腐與番茄交相疊在容器中,沙拉醬的材料混合均勻淋上,即可上桌。

料理／田口成子
每人份 123kcal　鹽分1.1g
烹調時間4分鐘

原本是用起司與番茄做的義大利式前菜,改用豆腐取代。

番茄的酸味&甘甜,與豆腐泥一同翻拌,口感達到完美的均衡。

和風豆腐泥拌小番茄

材料(2人份)

板豆腐 ·· ½塊(約150g)

沙拉油 ·· ½大匙
鹽 ·· ¼小匙
小番茄 ·· 12顆(約150g)

1 豆腐掰成一口大小,放入熱水中稍微燙過即撈起,置於竹篩上放涼。小番茄去蒂頭,縱切對半。

2 取一調理盆,放入豆腐,以打蛋器打成泥,加入沙拉油、鹽,混合均勻後,再加進小番茄一同翻拌即可盛盤上桌。

料理／大庭英子
每人份 99kcal　鹽分0.8g
烹調時間8分鐘

香炒柴魚豆腐

材料(2人份)

板豆腐⋯⋯⋯⋯⋯⋯⋯⋯⋯⋯⋯1塊(約300g)
柴魚片⋯⋯⋯⋯⋯⋯⋯⋯⋯⋯⋯1包(約5g)
○調味料
┌ 酒、醬油⋯⋯⋯⋯⋯⋯⋯⋯⋯各1大匙
└ 味醂⋯⋯⋯⋯⋯⋯⋯⋯⋯⋯⋯½大匙
麻油

1 豆腐靜置於調理盤上，瀝去水分後，切成
2cm的四方小塊。

2 取一平底鍋，加進1大匙麻油，開中火加
熱，豆腐下鍋翻炒直至焦黃，加入調味料
的材料，整體翻拌，均勻裹上豆腐，加入
柴魚片大幅翻炒即完成。

料理／大庭英子
每人份 190kcal 鹽分1.4g
烹調時間14分鐘

以炒得鹹香的柴魚片
裹住骰子狀的豆腐。

可以快速上桌的方便食材！

泡菜的辣與麻油的香，
刺激食欲。

泡菜涼拌豆腐

材料(2人份)

板豆腐⋯⋯⋯⋯⋯⋯⋯⋯⋯⋯⋯½塊(約150g)
白菜泡菜⋯⋯⋯⋯⋯⋯⋯⋯⋯⋯100g
蔥(切小段)⋯⋯⋯⋯⋯⋯⋯⋯⋯2根
醬油 麻油

1 豆腐拭去水分。泡菜切成2cm的小片。

2 將豆腐掰成易入口的大小放進調理盆，加
上泡菜、少許的醬油與麻油，充分翻拌，
盛盤，撒上蔥花即可上桌。

料理／藤野嘉子
每人份 84kcal 鹽分1.2g
烹調時間6分鐘

豆腐茄子芝麻味噌湯

材料(2人份)

板豆腐 ····················¼塊(約70g)
日本茄子 ··················1顆(約100g)
高湯 ······························2杯
白芝麻 ···························適量
味噌

1 豆腐切成稍大的一口大小。茄子去蒂頭，橫向切成厚約5mm的小片。

2 取一鍋，倒入高湯，開中火煮滾後，加入豆腐與茄子，再次煮滾後續煮3分鐘，溶入2大匙味噌、加入2大匙芝麻，稍微煮一下，起鍋盛入容器之中，撒上少許白芝麻即完成。

料理／鈴木薫
每人份 124kcal 鹽分2.5g
烹調時間8分鐘

清淡的豆腐與茄子，以溫潤的芝麻與味噌的組合調味。

蘆筍豆腐湯

材料(2人份)

板豆腐(小) ··················¼塊(約50g)
綠蘆筍 ·····················4枝(約100g)
○湯底
味醂 ·····························1大匙
醬油 ·····························1小匙
鹽 ······························½小匙
胡椒 ·····························少許
水 ·······························2杯
麻油

1 豆腐切成2cm的四方小塊。蘆筍切去根部約3cm，再切成3cm的長段。

2 取一鍋，倒入2小匙麻油，開中火加熱，蘆筍下鍋炒約2分鐘，注入水，煮滾後，加入湯底的其他材料，煮約2～3分鐘，再加入豆腐同煮約2分鐘即完成。

料理／小田真規子
每人份 89kcal 鹽分2.0g
烹調時間11分鐘

蘆筍炒過再煮，更能引出風味。

榨菜豆腐湯

材料(2人份)

板豆腐	½塊(約150g)
榨菜(瓶裝,大致切碎)	2大匙
蔥(青色的部分)	適量
○湯底	
雞高湯粉	¼小匙
鹽	⅓小匙
胡椒	少許
水	1⅔杯
麻油	

1 蔥斜切成約1cm的小段。取一鍋,倒入雞高湯粉、水,開中火煮滾後,加入鹽、胡椒。

2 豆腐掰成小塊,加入湯中,再次煮滾,加進榨菜與蔥後繼續煮,淋上1小匙麻油即完成。

料理／大庭英子
每人份 76kcal　鹽分3.2g
烹調時間6分鐘

百搭的豆腐與榨菜
湊成一對,
最後再滴上麻油提香。

可以快速上桌的方便食材!

辣味讓人暖到
心裡的湯品。

韓式豆腐豆芽湯

材料(2人份)

板豆腐	½塊(約150g)
豆芽菜	½袋(約120g)
蔥	2枝
○湯底	
雞高湯粉	1大匙
鹽	少許
水	2杯
豆瓣醬	½～1小匙
麻油	

1 蔥斜切成約2cm的小段。取一鍋,倒入2小匙麻油,開中火加熱,豆腐掰成一口大小下鍋邊炒邊撥成小塊。

2 加入豆瓣醬、豆芽菜快速炒過,加入湯底的材料煮滾後,加入蔥段再稍微煮一下即完成。

料理／藤野嘉子
每人份 113kcal　鹽分2.6g
烹調時間7分鐘

> 油豆腐吸滿了
> 甘甜的高湯,
> 讓人回味無窮。

高湯煮油豆腐

材料(2人份)

油豆腐	1塊(約170g)
鴨兒芹	1把(約50g)

○煮汁

高湯	1½杯
味醂、酒	各2大匙
醬油	½大匙

1 油豆腐以廚房紙巾包覆,吸去油分後,橫向切10等分。鴨兒芹依長度切3等分。

2 取一鍋,倒入煮汁的材料,開中火煮滾後,加入油豆腐煮約2分鐘,放進鴨兒再稍微煮一下即完成。

料理／堤 人美
每人份182kcal　鹽分0.8g
烹調時間7分鐘

酥脆的炸豆皮與
鬆軟的蘿蔔泥是絕配！

蘿蔔拌豆皮

材料(2人份)

炸豆皮..1片
白蘿蔔(磨成泥)...........................⅛根(約150g)
蔥(切小段)..1枝
薑(磨成泥)..½塊
醬油

1 炸豆皮縱切對半再橫向切成寬約1cm的小片。
蘿蔔泥輕輕擠去水分，放入調理盆中。

2 取一平底鍋，開中火加熱，將炸豆皮下鍋，
以鍋鏟輕壓，煎至兩面焦黃酥脆。起鍋放入
調理盆中與蘿蔔泥一起快速翻拌，盛盤。撒
上蔥花淋上適量的醬油，擺上薑泥即完成。

料理／市瀨悅子
每人份76kcal　鹽分0.5g
烹調時間6分鐘

山椒燒油豆腐

材料(2人份)

油豆腐	1塊(約160g)
○醬油美乃滋	
美乃滋	1大匙
醬油	½小匙
山椒粉	適量

1 油豆腐縱、橫各切成4等分，排在鋪了錫箔紙的烤盤上，將醬油美乃滋的材料混合均勻，塗在油豆腐上。

2 送入烤箱烤3～4分鐘，表面焦黃後盛盤，撒上山椒粉即可上桌。

料理／大島菊枝
每人份162kcal　鹽分0.4g
烹調時間7分鐘

適合帶便當

煎得焦香的美乃滋與山椒的組合，好看又美味。

炸豆皮的甘醇與高麗菜的甜味非常合拍。

高湯煮豆皮高麗菜

材料(2人份)

炸豆皮	1片
高麗菜葉	3片(約150g)
○煮汁	
高湯	1½杯
酒	1大匙
醬油	2小匙
味醂	1小匙
鹽	1小撮

1 炸豆皮放在竹篩上以熱水淋過，瀝去水分後，切成2cm的四方小片。高麗菜切成一口大小。

2 取一鍋，倒入煮汁的材料，開中小火煮滾後，加入炸豆皮，再次煮滾後加進高麗菜，煮至變軟後即完成。

料理／堤 人美
每人份90kcal　鹽分1.8g
烹調時間7分鐘

煮豆皮福袋

材料(2人份)

炸豆皮	1片
蛋	2顆
蔥	½枝(約50g)

○煮汁

味醂	6小匙
醬油	2大匙
水	⅓杯

醋

1 炸豆皮以溫水搓洗過，瀝去水分後，橫向對半切。置於砧板上，以桿麵棍來回桿2～3回，切口便會打開，變成一個口袋狀。蛋分別打開放進小碗中，倒入炸豆皮裡，再以牙籤封住開口處。

2 取一直徑約20cm的平底鍋，倒入煮汁的材料，開中火煮滾後，加入炸豆皮與蔥煮約2～3分鐘，上下翻面後再轉小火煮6～7分鐘，加入1小匙醋，即可熄火起鍋。

料理／小田真規子
每人份244kcal　鹽分2.0g　烹調時間16分鐘

炸豆皮吸飽口味
稍濃的醬汁，
甜甜鹹鹹好下飯。

滿滿會牽絲的起司，
不論大人小孩都喜歡。

油豆腐起司燒

材料(2人份)

油豆腐(大)	1片(約200g)
小番茄	4顆(約50g)
披薩用起司	30g

鹽　粗粒黑胡椒

1 豆腐縱切對半後，再橫切成4等分。小番茄去蒂頭。

2 烤箱先預熱。將油豆腐與小番茄放入耐熱容器中，撒上¼小匙鹽、少許粗粒黑胡椒，鋪上起司，放進烤箱中烤5～6分鐘烤出金黃色即完成。

料理／井原裕子
每人份 218kcal　鹽分1.1g
烹調時間9分鐘

只需將醬汁淋在蛋上，
秒速完成一道菜。

水煮蛋佐韭香醬油

材料(2人份)

水煮蛋···2顆
○調味醬汁
韭菜(切小段)·······························⅛把(約20g)
醬油、醋、麻油·····························各½大匙
白芝麻···1小匙

1 水煮蛋剝殼，縱切對半。

2 蛋盛入容器之中，調味醬料的材料混合均勻後淋上即可上桌。

料理／市瀨悅子
每人份103kcal　鹽分0.6g
烹調時間3分鐘

94

適合
帶便當

可以快速上桌的方便食材！

時間較充裕時，
也可以將煎好的蛋皮用
壽司簾捲起。

綠花椰蛋捲

材料(2人份)

○蛋液

蛋 3顆

綠花椰菜	2～3小朵(約30g)
砂糖、水	各1大匙
鹽	少許

沙拉油

1 綠花椰菜大致切碎，放進調理盆，與蛋液的其他材料一同混合。

2 在煎蛋器裡加入1小匙沙拉油，開中火加熱，倒入¼量的蛋液，煎出半熟的蛋皮後，將蛋皮從外側朝自己的方向捲進來，捲成約4cm的寬度，推到外側，於空鍋的部分塗上薄薄的一層沙拉油，再將剩下的蛋液倒入⅓量平鋪於鍋中，並流至剛已捲好的蛋捲下，同樣煎至半熟便捲起，如此重複2回，煎出鬆軟的蛋捲，取出後切成一口大小即可上桌。

料理／藥袋絹子
每人份 155kcal　鹽分0.7g　烹調時間9分鐘

溫泉蛋拌韭菜

材料(2人份)

溫泉蛋	2顆
韭菜	1把(約100g)
滑子菇	2大匙
麻油	

1 韭菜切成6cm的長段,以熱水煮約1分鐘後撈起置於竹篩上,淋½小匙麻油,翻拌裹上油。

2 取一容器,盛入韭菜與溫泉蛋,點上滑子菇即完成。

料理/青木恭子(studio nuts)
每人份102kcal 鹽分0.9g
烹調時間4分鐘

營養滿分的韭菜與蛋,
輕鬆吃下滿滿的維他命。

放冰箱可保存4～5天,
隨時上桌。

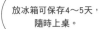

適合
帶便當

醬油漬鵪鶉蛋

材料(2人份)

鵪鶉蛋	10顆
小番茄	10顆(約120g)
○醃汁	
醬油	2大匙
水	4大匙

1 小番茄去蒂頭,以牙籤刺4、5個洞。

2 取一清潔並有蓋的保存容器,放入鵪鶉蛋與小番茄,倒入醃汁的材料攪拌混合,醃泡15分鐘,過程中不時攪動,入味後即可上桌。

料理/井原裕子
每人份54kcal 鹽分0.5g
烹調時間17分鐘

四季豆溫泉蛋沙拉

材料(2人份)

溫泉蛋	2顆
四季豆(大)	12根(約120g)
○洋蔥沙拉醬	
洋蔥(切碎)	¼顆(約50g)
市售法式沙拉醬	2大匙
起司粉	1大匙
鹽	

1 洋蔥丁泡水5分鐘後撈起，擠去水分，加進法式沙拉醬中混合均勻。

2 四季豆去蒂頭，放入加了少許鹽的熱水中煮約2分鐘，撈起放入冷水降溫，置於竹篩上放涼，盛入盤中，淋上洋蔥沙拉醬，打上溫泉蛋，撒上起司粉即完成。

料理／堤 人美
每人份285kcal　鹽分0.8g
烹調時間9分鐘

濃厚的蛋與起司粉
是美味的關鍵。

可以快速上桌的方便食材！

運用手邊的材料
就可做出一道
豐富的中式炒蛋。

蟹味炒蛋

材料(2人份)

○蛋液	
蛋	3顆
味醂、醬油	各½小匙
蟹肉棒	3根(約30g)
糯米椒	4根(約25g)
麻油	

1 將蛋液的材料都混合在一起。蟹肉棒切成約1cm的小段。糯米椒切去蒂頭，再橫向切成1cm的小段。

2 取一平底鍋，加進2小匙麻油，開中火加熱，糯米椒下鍋快炒，加進蟹肉棒一同翻炒，倒進蛋液，轉中強火大幅翻拌，炒至蛋鬆軟成形，即可熄火起鍋。

料理／堤 人美
每人份185kcal　鹽分1.1g
烹調時間6分鐘

海帶芽火腿蛋捲

材料(2人份)

蛋 ·· 3顆
海帶芽(乾燥) ······················ 2g
里肌火腿 ································ 3片
麻油

1 海帶芽泡水5分鐘膨脹後,擠去水分。火腿切細絲。蛋打散,加入海帶芽與火腿一同混合。

2 在煎蛋器裡加入2小匙麻油,開中火加熱,倒入1⅓量的蛋液,煎至半熟,將蛋皮從外側朝自己的方向捲進來,捲成約4cm的寬度,推到外側,剩下的蛋液分2次倒入鍋中,並流至剛已捲好的蛋捲下,同樣煎至半熟便捲起,取出切成一口大小即可盛盤上桌。

料理／堤 人美
每人份196kcal 鹽分0.8g
烹調時間9分鐘

適合帶便當

蛋

海帶芽脆脆的口感與火腿的美味絕配!

以彼此相襯的綠蘆筍與蛋做出分量滿點的小菜。

蘆筍水煮蛋起司燒

材料(2人份)

水煮蛋 ································· 1顆
綠蘆筍 ····················· 1把(約100g)
披薩用起司 ·························· 20g
鹽 美乃滋 胡椒

1 蘆筍切去根部2cm,削去下半部的皮,依長度對半切,放入加了少許鹽的熱水中煮1～2分鐘,撈起置於竹篩上放涼。水煮蛋剝殼,切成薄片。

2 烤箱先預熱。取一耐熱容器,放入蘆筍,抹上約1大匙的美乃滋,撒上少許胡椒,鋪上水煮蛋與起司,進烤箱烤約6～7分鐘上色後即可上桌。

料理／井原裕子
每人份123kcal 鹽分0.7g
烹調時間13分鐘

滑蛋菇菇豆皮

材料(2人份)

蛋	2顆
鴻喜菇	1大包(約150g)
炸豆皮	2片

○煮汁

高湯	⅔杯
味醂	2大匙
酒	1大匙
醬油	½小匙
鹽	⅓小匙
蔥(切小段)	2根

1 蛋打散。鴻喜菇切除根部,撥成小朵。炸豆皮縱切對半後,再橫向切成寬約1cm。

2 取一鍋,倒入高湯,開中火煮滾後,加入煮汁的其他材料、鴻喜菇與炸豆皮,蓋上鍋蓋,小火煮約3～4分鐘,掀蓋倒入蛋液,再蓋上鍋蓋悶蒸1～2分鐘至蛋成半熟狀便起鍋,盛入容器,撒上蔥花即完成。

料理／大庭英子
每人份249kcal　鹽分1.5g　烹調時間10分鐘

蛋加上大量的食材同煮,
口感豐富的一道小菜。

可以快速上桌的方便食材!

番茄恰到好處的酸甜
為整體風味帶來變化。

番茄炒蛋

材料(2人份)

○蛋液

蛋	3顆
鹽	¼小匙
胡椒	少許
番茄(小)	1顆(約100g)
奶油	

1 取一調理盆,將蛋液的材料都加入混合。番茄去蒂頭,橫向對半切,去籽後切成1cm小丁,擠去水分,加入蛋液攪拌均勻。

2 取一平底鍋,加進1大匙奶油,開中小火加熱融化後,將**1**的蛋液下鍋以筷子大幅攪動,煎至半熟後即可熄火起鍋。

料理／石原洋子
每人份168kcal　鹽分1.1g
烹調時間5分鐘

海帶芽蛋花湯

材料(2人份)

蛋	1顆
海帶芽(乾燥)	1小匙
○煮汁	
西式高湯粉、鹽	各½小匙
酒	1小匙
醬油	少許
水	1½杯

1 蛋打散。

2 取一鍋，倒入煮汁的材料混合均勻後，開中火煮滾，加入蛋液，待蛋花輕輕浮起，加入海帶芽稍微煮一下即可起鍋。

料理／脇 雅世
每人份42kcal　鹽分2.1g
烹調時間8分鐘

簡單的味道，
與重口味的主菜最合拍。

番茄先經過快炒
再煮湯，甜醇度大增。

番茄蛋花湯

材料(2人份)

蛋	1顆
番茄(約)	1顆(約100g)
○煮汁	
雞高湯粉	½小匙
鹽	⅓小匙
胡椒	少許
水	2杯
麻油	

1 蛋打散。番茄去蒂，切8等分的半月狀。

2 取一鍋，倒入1小匙麻油，開中火加熱，番茄下鍋快炒，倒入高湯粉與水後攪拌，煮滾後加鹽、胡椒，細細倒入蛋液，待蛋花輕輕浮起，即可熄火起鍋。

料理／田口成子
每人份68kcal　鹽分1.4g
烹調時間7分鐘

炸麵衣味噌蛋花湯

材料(2人份)

蛋	1顆
炸麵衣	2大匙
高湯	2杯
○勾芡水	
太白粉	1小匙
水	2小匙
蔥(切小段)	1枝
味噌	

1 蛋打散。混合勾芡水的材料。

2 取一鍋，倒入高湯，開中火煮滾後，融入
1又½大匙的味噌。勾芡水再次攪拌均勻
後，入鍋勾芡，倒入蛋液，待蛋花輕輕浮
起即可熄火，加進炸麵衣。盛入容器中，
撒上蔥花即完成。

料理／堤 人美
每人份83kcal　鹽分1.8g
烹調時間8分鐘

香醇的炸麵衣加入湯中，
可帶出有深度的風味。

可以快速上桌的方便食材！

一整顆圓滾滾的蛋包，
滿足感十足。

蛋包味噌湯

材料(2人份)

○蛋液

蛋	2顆
茗荷	1塊(約10g)
高湯	1½杯
味噌	

1 茗荷縱切對半後，再縱切成薄片。

2 取一鍋，倒入高湯，開中火煮滾後，融入1
又½～2大匙味噌，再煮滾後打入整顆蛋煮
約2分鐘蛋包成形，加入茗荷再稍煮一下即
可起鍋。

料理／鈴木 薰
每人份105kcal　鹽分2.1g
烹調時間7分鐘

蟹肉棒釋出味道
更添甘醇。

銀芽蟹肉清湯

材料(2人份)

蟹肉棒·····················4條(約40g)
豆芽菜·····················½袋(約100g)
○煮汁
├ 雞高湯····················½大匙
├ 胡椒·····················少許
└ 水······················2杯
蔥(切小段)·····適量

1 蟹肉棒斜切成7～8mm的小段。

2 取一鍋，倒入煮汁的材料，開中火煮滾後加入豆芽菜、蟹肉棒煮約3分鐘，盛入容器中，撒上蔥花即完成。

料理／落合貴子
每人份50kcal　鹽分1.8g
烹調時間6分鐘

102

口感好，
又能快速調理完成，
是隨時可上桌的湯品。

魚豆腐清湯

材料(2人份)

魚豆腐	¼片(約30g)
鴨兒芹	2株

○煮汁

高湯	1½杯
醬油	1小匙
鹽	¼小匙

1 魚豆腐切成1.5cm的小丁。鴨兒芹摘下葉子。

2 取一鍋，倒入高湯，開中火煮滾後加進醬油與鹽，魚豆腐下鍋稍微煮一下後，起鍋盛入容器之中，擺上鴨兒芹即完成。

料理／上田淳子
每人份20kcal　鹽分1.6g
烹調時間5分鐘

西洋芹炒蟹肉棒

材料(2人份)

蟹肉棒	4條(約40g)
西洋芹	1根(約120g)

○調味料

酒、砂糖	各1小匙
醬油	½小匙

麻油

1 蟹肉棒大致撥散。西洋芹的莖與葉分開，葉子撕成容易入口的大小，莖撕去硬絲，斜切成薄片。

2 取一平底鍋，加進½小匙麻油，開中火加熱，西洋芹的莖與葉、蟹肉棒下鍋炒1～2分鐘，炒至西洋芹變軟後，加入調味料整體翻拌均勻後即完成。

料理／重信初江
每人份64kcal　鹽分1.1g
烹調時間6分鐘

與蟹肉棒的搭配，西洋芹獨特的味道被柔化了。

甜甜辣辣好下飯，讓人想一吃再吃。

適合
帶便當

佃煮竹輪

材料(2人份)

竹輪	1根(約30g)
蒟蒻(小)	½(約100g)

○煮汁

高湯	½杯
醬油、砂糖	各2小匙
味醂	1小匙

鹽　沙拉油

1 竹輪切成一口大小。蒟蒻以少許的鹽搓揉後清洗，表面以刀劃5mm深的格子狀，再切成2cm的小丁。

2 取一鍋，加進1小匙沙拉油，開中火加熱，蒟蒻下鍋快炒後，加入竹輪同炒，倒進煮汁的材料，煮至湯汁收乾入味後即可起鍋。

料理／田口成子
每人份106kcal　鹽分1.9g
烹調時間8分鐘

馬鈴薯煮天婦羅

材料(2人份)

天婦羅	2片(約60g)
馬鈴薯(大)	2顆(約280g)

○煮汁

高湯	½杯
味醂	1大匙
砂糖	1小匙
醬油	1大匙
白芝麻	少許
沙拉油	

1 馬鈴薯去皮，切成1cm的長條棒狀，泡水5分鐘後，瀝乾擦去水分。天婦羅也切成同樣的棒狀。

2 取一平底鍋，加進½大匙沙拉油，開中火加熱，馬鈴薯與天婦羅煮下鍋快炒，倒入高湯煮滾後，依序加入煮汁中的其他材料攪拌均勻，蓋上鍋蓋悶煮7～8分鐘直至湯汁收乾，起鍋盛盤，撒上白芝麻即完成。

料理／大庭英子
每人份208kcal 鹽分1.9g 烹調時間15分鐘

適合
帶便當

天婦羅的甘甜與芝麻的香氣，風味絕佳。

可以快速上桌的方便食材！

口感Q彈的天婦羅與一種蔬菜拌在一起即可。

小黃瓜涼拌天婦羅

材料(2人份)

天婦羅	2片(約60g)
小黃瓜	1根(約100g)

○拌料

高湯	1大匙
醬油	½大匙
薑(磨成泥)	½塊

1 天婦羅放入平底鍋中，開中小火，兩面各煎1～2分鐘，放涼後切成一口大小。小黃瓜切除兩端，切成厚約7mm的半月狀。

2 取一調理盆，將拌料的材料倒入混合，加進天婦羅與小黃瓜一同快速翻拌即完成。

料理／井原裕子
每人份53kcal 鹽分1.2g
烹調時間8分鐘

粉彩蘿蔔拌魚豆腐

材料(2人份)

魚豆腐·······1片(約110g)

○拌料

> 紅蘿蔔·······⅓根(約50g)
> 白蘿蔔·······3cm(約100g)
> 醋·······1小匙
> 鹽·······¼小匙

蔥(切小段)·······1枝

1 魚豆腐切成1.5～2cm的小丁。

2 紅蘿蔔、白蘿蔔去皮,一起磨成泥,輕輕
  擠去水分,放入調理盆中,加進醋與鹽混
  合,魚豆腐與蔥花一同加入快速拌勻後即
  完成。

料理/落合貴子
每人份39kcal　鹽分1.6g
烹調時間4分鐘

色彩鮮豔又不需開火
的速成小菜。

為防水分不斷滲出,
請趁鮮享用。

柴魚洋蔥拌魚板

材料(2人份)

魚板·······3cm(約40g)

洋蔥·······¼顆(約50g)

○拌料

> 柴魚片·······1包(約5g)
> 醬油·······1小匙

1 洋蔥橫向切薄片,泡水3分鐘後撈起,擦乾
  水分。魚板切成薄片。

2 取一調理盆,放入洋蔥與魚板,加入拌料
  的材料快速拌勻即完成。

料理/落合貴子
每人份40kcal　鹽分1.0g
烹調時間5分鐘

蟹味涼拌白菜

材料(2人份)

蟹肉棒··3條(約30g)
白菜葉··1½片(約150g)
鹽　麻油

1 白菜切成4cm長,再縱向切細絲,放入調理
盆內,撒上½小匙的鹽,靜置5分鐘後,擠
去水分。蟹肉棒大致撕散。

2 倒去調理盆中的水,再將白菜放回,加進
蟹肉、2小匙麻油拌勻,試試味道若太淡的
話,再加點鹽即可。

料理／小林澤美
每人份75kcal　鹽分1.5g
烹調時間8分鐘

蟹肉棒加麻油的
風味,即使是大把白菜
也瞬間被掃平。

價廉物美的竹輪與
豆苗,組成口感絕佳的
醋味小菜。

醋拌豆苗竹輪

材料(2人份)

竹輪(大)···1根(約80g)
豆苗··1袋(約300g)
○甜醋

高湯···⅓杯
醋···1½大匙
砂糖··½大匙
鹽···⅓小匙

1 豆苗依長度對半切,以熱水快速燙熟,撈
至冷水中降溫,擠去多餘水分。竹輪縱切
對半後,再橫向切成寬約5mm的小片。

2 取一調理盆,將甜醋的材料倒進混合,加
入豆苗與竹輪一同拌勻即完成。

料理／井原裕子
每人份42kcal　鹽分1.1g
烹調時間5分鐘

紅紫蘇竹輪沙拉

材料(2人份)

竹輪	2根(約60g)
小黃瓜	1根(約100g)

○紅紫蘇美乃滋

美乃滋	2大匙
紅紫蘇粉	1小匙

鹽

1 小黃瓜切除兩端，縱向剖半後再斜切成寬約5mm的片狀，放入調理盆中，撒上少許鹽巴，靜置5分鐘後，擠去水分。竹輪縱切對半後，再斜切成寬約5mm的片狀。

2 倒去調理盆中的水擦乾後，放回小黃瓜，加入竹輪、紅紫蘇美乃滋的材料一同充分拌勻即完成。

料理／堤 人美
每人份128kcal　鹽分1.9g
烹調時間8分鐘

混了紅紫蘇的美乃滋，
後味清新溫和十分新鮮！

竹輪與鱈魚子雙重美味
讓人停不住手。

鱈魚子拌竹輪蓮藕

材料(2人份)

竹輪	2根(約60g)
蓮藕(小)	1節(約150g)

○鱈魚子醋

鱈魚子(小)	½條(約40g)
醋、高湯(或開水)	各1½大匙
鹽	少許

1 蓮藕去皮，切成半月薄片，快速泡過水後，撈起置於竹篩上瀝乾，放入耐熱皿中，輕輕蓋上保鮮膜，微波(600W)加熱2分鐘左右，倒去水分。竹輪斜切成厚約1cm的小段。

2 鱈魚子橫向切成約5mm的小段，放入調理盆中，加進醋、高湯、鹽混合，加進蓮藕與竹輪充分拌勻即完成。

料理／重信初江
每人份99kcal　鹽分1.7g
烹調時間9分鐘

竹筍炒竹輪

材料(2人份)

竹輪	2½根(約75g)
水煮竹筍	1枝(約200g)

○調味料

酒、味醂、醬油	各1大匙
砂糖	1小匙

沙拉油

1 竹筍縱切對半,筍尖與底部切開,各切成一口大小的薄片。放入鍋中,注入可淹過竹筍的水,開中火煮滾後撈起,置於竹篩上瀝乾。竹輪切成小薄片。

2 取一平底鍋,加進½大匙沙拉油,開中火加熱,竹筍煮下鍋炒約2分鐘,加進竹輪快速翻炒,再加調味料的所有材料,炒至湯汁收乾即可起鍋。

料理／石原洋子
每人份137kcal 鹽分2.1g
烹調時間9分鐘

放冰箱可保存2～3天,隨時可上桌的〈常備小菜〉。

可以快速上桌的方便食材!

溫潤的美乃滋中混了黃芥末籽,衝擊性十足。

蟹味義大利涼麵

材料(2人份)

蟹肉棒	3條(約30g)
洋蔥	¼顆(約50g)
義大利直麵(直徑1.6mm)	50g

○芥末美乃滋

美乃滋	2大匙
黃芥末籽醬	⅔小匙
鹽、胡椒	各少許

鹽

1 取一深鍋,在1ℓ的熱水中加進1小匙鹽,義大利麵折半投入水中,煮約9分鐘後,撈起置於竹篩上,以冷水快速沖洗,瀝乾水分。蟹肉棒大致撕散。洋蔥縱切薄片。

2 取一調理盆,放入芥末美乃滋的材料混合後,加入蟹肉棒、洋蔥、義大利麵,充分拌勻後即完成。

料理／小林澤美
每人份215kcal 鹽分1.3g
烹調時間11分鐘

> 海苔的香氣讓高麗菜
> 再多也吃光光。

海苔拌高麗菜

材料(2人份)

烤海苔(整片)·······················⅓片
高麗菜葉·····················5片(約250g)
○拌料
　麻油·······························1大匙
　醬油·······························1小匙
　鹽、粗粒黑胡椒····················各少許

1 於高麗菜菜芯切兩刀畫V字去芯，葉子切成一口大小，放入耐熱皿中，輕輕蓋上保鮮膜，微波（600W）加熱4分鐘左右。

2 取一調理盆，放入高麗菜、拌料的材料充分拌勻，海苔撕成小片後撒上，快速混合後即完成。

料理／市瀨悅子
每人份88kcal　鹽分0.9g
烹調時間6分鐘

可以快速上桌的方便食材！

日式食材中加進
黃芥末籽的風味，搖身一
變成了西式小菜。

黃芥末風味鹿尾菜沙拉

材料(2人份)

鹿尾菜(乾燥)	10g
乾蒸黃豆罐頭(110g)	1罐
洋蔥	⅛顆(約25g)

○沙拉醬

黃芥末籽醬、醋、醬油、橄欖油	各1小匙
鹽、胡椒	各少許

1 鹿尾菜泡水5分鐘後撈起，切成適合入口的
長度。洋蔥切碎。取一調理盆，將沙拉醬的
材料都倒入混合均勻。

2 鹿尾菜以熱水快速煮過後，撈起瀝乾，倒入
1的調理盆中，加進黃豆與洋蔥一同拌勻即
完成。

料理／重信初江
每人份114kcal　鹽分1.3g
烹調時間8分鐘

酸橘醋拌番茄海帶根

材料(2人份)

海帶根(未調味)……………………1包(約100g)
番茄……………………………………1顆(約180g)
酸橘醋醬油……………………………1½~2大匙

1 海帶根擠去水分。番茄去蒂頭,切成2cm的小丁。

2 取一調理盆,放入海帶根、番茄,加進酸橘醋醬油快速拌勻即完成。

料理╱堤 人美
每人份31kcal 鹽分1.1g
烹調時間2分鐘

以適合海帶根的
酸味做成清爽小菜。

鈣質豐富的海藻與
菜葉組成
健康的一道菜。

適合
帶便當

清炒鹿尾小松菜

材料(2人份)

鹿尾菜(乾燥)…………………………………15g
小松菜………………………………½把(約100g)
沙拉油 鹽 胡椒

1 鹿尾菜泡水5分鐘後撈起,以水洗淨後瀝去水分。小松菜切成3~4cm長段。

2 取一平底鍋,加進½大匙沙拉油,開中火加熱,鹿尾菜下鍋快炒後轉中強火,依序加入小松菜的莖與葉,炒軟後加½小匙鹽、少許胡椒翻拌後即完成。

料理╱石原洋子
每人份45kcal 鹽分1.5g
烹調時間9分鐘

海帶芽炒豬肉

材料(2人份)

海帶芽(鹽漬)	50g
豬炒肉片	150g
薑(切絲)	½塊
○調味料	
酒	2小匙
鹽、胡椒	各少許
醬油	½小匙
麻油	

1 海帶芽快速沖洗後，泡水5分鐘，瀝去水分，切去粗莖後切成一口大小。豬肉切成寬約2cm的小片。

2 取一平底鍋，加進2小匙麻油與薑絲，開小火加熱，爆香後將豬肉下鍋，轉中火炒約1分30秒，加進海帶芽、調味料的材料，一同快速拌炒即完成。

料理／堤 人美
每人份230kcal 鹽分0.7g
烹調時間9分鐘

清爽的海帶芽充分
吸收了豬肉的甜味。

可以快速上桌的方便食材！

滑潤的口感
很適合在換下一道菜前
吃上一口！

水雲拌秋葵

材料(2人份)

水雲(已調味)	2包(約160g)
秋葵	5根(約50g)
鹽	

1 秋葵放入耐熱容器中，輕輕蓋上保鮮膜，微波（600W）加熱40秒左右，過冷水散熱後，置竹篩上放涼，切去蒂頭，斜切成5mm的小段。

2 取一調理盆，將放入水雲與秋葵一同快速翻拌即完成。

料理／脇 雅世
每人份27kcal 鹽分1.5g
烹調時間4分鐘

※水雲又稱海髮菜。

罐頭
BEANS

嚴選！超實用的5種食材

雞肉玉米湯

材料(2人份)

玉米粒(罐頭)	3大匙
雞里肌肉	2條(約100g)

○煮汁

酒	1大匙
胡椒	少許
水	2杯

鹽 醬油 胡椒

1 玉米粒罐頭倒去湯汁。雞里肌剔除白色筋膜，斜刀切成一口大小，撒上⅓小匙鹽抓過，放入鍋中，加進煮汁的所有材料，開大火煮滾，撈除浮沫，轉小火煮約5分鐘。

2 加入玉米粒稍微煮一下，加1小匙醬油、少許胡椒即完成。。

料理／堤 人美
每人份67kcal 鹽分1.6g
烹調時間9分鐘

彈牙的玉米粒，增添豐富口感。

番茄
玉米濃湯

溫潤的玉米濃湯中，加番茄是新鮮的嚐試。

材料(2人份)

○煮汁

奶油玉米罐頭(190g)	1罐
牛奶、水	各1杯
雞骨高湯粉	⅓小匙
胡椒	少許
蛋	1顆
番茄(小)	½顆(約80g)

1 蛋打散。番茄去蒂，切成1.5cm的小丁。

2 取一鍋，倒入奶油玉米罐、牛奶、水、高湯粉攪拌，開中小火加熱，煮滾後撒上胡椒，打入蛋液，鬆軟的蛋花浮起後即熄火，盛入碗中，擺進番茄即完成。

料理／堤 人美
每人份195kcal 鹽分1.1g
烹調時間6分鐘

黃豆香草沙拉

材料(2人份)

乾蒸黃豆罐頭(300g)·····································½罐

○沙拉醬

> 巴西利(切碎)··4大匙
> 橄欖油···2大匙
> 醋···1大匙
> 醬油、黃芥末醬··································各½小匙

1 黃豆倒在竹篩上，以熱水澆淋後，再瀝乾水分。

2 取一調理盆，將沙拉醬的材料倒入混合，加入黃豆充分拌勻即完成。

料理／堤 人美
每人份224kcal 鹽分0.7g
烹調時間3分鐘

充分帶出黃豆樸質美味的簡單沙拉。

可以快速上桌的方便食材！

將罐頭的現成材料拿來涼拌即可的超輕鬆料理。

黃豆拌魩仔魚

材料(2人份)

乾蒸黃豆罐頭(300g)·····································⅓罐
白蘿蔔(磨成泥)·······································10cm
魩仔魚···2大匙

○醬汁

> 醬油···2小匙
> 橄欖油···1小匙

1 黃豆倒在竹篩上，以熱水澆淋，瀝乾水分。白蘿蔔泥輕輕擠乾水分。

2 取一容器盛裝黃豆，擺上白蘿蔔泥，撒上魩仔魚，將醬汁的材料混合調勻後淋上即完成。

料理／堤 人美
每人份113kcal 鹽分1.5g
烹調時間4分鐘

黃豆煮培根

材料(2人份)

乾蒸黃豆罐頭(200g) ································· ½罐
培根 ··· 2片
○調味醬汁
沾麵醬汁(3倍稀釋)、醬油 ················· 各1小匙
酒、水 ····································· 各½大匙

1 黃豆倒在竹篩上，以熱水澆淋，瀝乾水
分。培根切成寬約1～1.5cm的小片。

2 取一耐熱調理盆，放入黃豆、培根、調味
醬汁的材料，快速翻拌，輕輕蓋上保鮮
膜，微波（600W）加熱2分30秒左右，取
出，充分拌勻後靜置7～8分鐘即完成。

料理／堤 人美
每人份144kcal　鹽分1.1g
烹調時間13分鐘

以微波爐就能做出
西式風味的簡單煮豆。

吸收了魩仔魚精華的
黃豆，好吃得沒話說。

適合
帶便當

醬香黃豆炒魩仔魚

材料(2人份)

乾蒸黃豆罐頭(120g) ································· 1罐
魩仔魚 ··· 20g
蔥(切小段) ··· ½枝
沙拉油 酒 醬油

1 取一平底鍋，加進1小匙沙拉油，開中火加
熱，黃豆、魩仔魚、蔥花下鍋，轉小火炒
至蔥花變軟。

2 從鍋邊繞圈，澆上½大匙酒、1小匙醬油，
整體翻拌入味後即可起鍋。

料理／井原裕子
每人份130kcal　鹽分1.4g
烹調時間5分鐘

鮭魚檸檬沙拉

材料(2人份)

水煮鮭魚罐頭(180g)⋯⋯⋯⋯⋯⋯⋯⋯⋯⋯⋯1罐
小黃瓜⋯⋯⋯⋯⋯⋯⋯⋯⋯⋯⋯⋯1根(約100g)
洋蔥⋯⋯⋯⋯⋯⋯⋯⋯⋯⋯⋯⋯¼顆(約50g)
檸檬(國產)⋯⋯⋯⋯⋯⋯⋯⋯⋯⋯⋯⋯⋯½顆
○沙拉醬
　橄欖油⋯⋯⋯⋯⋯⋯⋯⋯⋯⋯⋯⋯⋯⋯1大匙
　鹽⋯⋯⋯⋯⋯⋯⋯⋯⋯⋯⋯⋯⋯⋯⋯¼小匙
　胡椒⋯⋯⋯⋯⋯⋯⋯⋯⋯⋯⋯⋯⋯⋯⋯少許

1 鮭魚罐頭倒去湯汁，魚肉大致撥散。小黃瓜切成薄片。洋蔥縱向切薄片。檸檬仔細清洗外皮，切下兩片薄片再大致切碎，剩下的拿來擠汁。

2 取一調理盆，將沙拉醬的材料倒入混合，加入鮭魚、小黃瓜、洋蔥、檸檬碎片與果汁後充分拌勻即完成。

料理／重信初江
每人份84kcal　鹽分0.8g
烹調時間6分鐘

檸檬的酸味讓鮭魚的
油脂變得清爽。

香料的香氣刺激食欲，
讓人停不下來！

適合
帶便當

咖哩風味綜合豆沙拉

材料(2人份)

乾蒸綜合豆罐頭(200g)⋯⋯⋯⋯⋯⋯⋯⋯⋯½罐
黃甜椒⋯⋯⋯⋯⋯⋯⋯⋯⋯⋯⋯¼顆(約40g)
德式香腸⋯⋯⋯⋯⋯⋯⋯⋯⋯⋯⋯⋯⋯⋯3根
○沙拉醬
　醋⋯⋯⋯⋯⋯⋯⋯⋯⋯⋯⋯⋯⋯⋯⋯1大匙
　鹽、咖哩粉⋯⋯⋯⋯⋯⋯⋯⋯⋯⋯各½小匙
　胡椒⋯⋯⋯⋯⋯⋯⋯⋯⋯⋯⋯⋯⋯⋯少許
　橄欖油⋯⋯⋯⋯⋯⋯⋯⋯⋯⋯⋯⋯⋯2大匙

1 黃甜椒去蒂去籽，切成1cm的四方小丁。德式香腸橫向切成寬約1cm的小丁，以熱水快速煮熟，置於竹篩上瀝乾。

2 取一調理盆，將沙拉醬的材料依序倒入充分混合，加入綜合豆、黃甜椒、德式香腸，翻拌均勻後即完成。

料理／小林澤美
每人份255kcal　鹽分2.2g
烹調時間6分鐘

青江菜炒鮭魚

材料(2人份)

水煮鮭魚罐頭(180g)	1罐
青江菜(大)	1株(約150g)
薑(切絲)	1塊

○調味料

雞骨高湯粉	⅓小匙
酒	1大匙
鹽、胡椒	各少許

麻油

1 鮭魚罐頭倒去湯汁，魚肉大致撥散。青江菜的葉子與莖切分開來，葉子依長度再對半切，莖輕成8等分的半月狀。

2 取一平底鍋，加進1小匙麻油、薑絲，開中火加熱，爆香後將青江菜的莖下鍋炒約1～2分鐘，放入鮭魚再炒2分鐘左右，加入調味料的材料，翻拌裹上食材，青江菜葉下鍋同炒1分鐘左右即完成。

料理／重信初江
每人份157kcal 鹽分1.8g
烹調時間9分鐘

較不會縮水的青江菜與大量的鮭魚組成分量十足的一道菜！

小黃瓜豆沙拉

材料(2人份)

乾蒸綜合豆罐頭(120g)	1罐
小黃瓜	1根(約100g)

○沙拉醬

橄欖油	2大匙
白酒醋(或醋)	1大匙
鹽	⅓小匙
胡椒	少許

1 小黃瓜縱切4等分，再橫向切成寬約7mm的小丁。

2 取一調理盆，將沙拉醬的材料依序倒入充分混合，加入綜合豆、小黃瓜充分拌勻即完成。

料理／井原裕子
每人份201kcal 鹽分1.3g
烹調時間3分鐘

鬆軟的豆類沙拉加進小黃瓜，多了一份清爽。

Part **3**

靈活運用事先做好的醬汁 & 常備菜

即使是比平常更晚到家的日子，打開冰箱有事先做好的醬汁 & 常備菜，
心情頓時就放鬆了。除了有助於製作主菜外，也可以做簡單的配菜。
這一章我們規劃了能瞬間決定風味的醬汁與可自由變化的常備菜，
有了它們，以手邊有的食材快速做出 1～2 樣菜也沒問題！
也是讓搭配組合的食材或烹調方式不會陷於單調的最強幫手。

料理／重信初江

\\常備菜//

\\醬汁//

甜辣洋蔥醬油

利用磨成泥的洋蔥所產生的綿密口感，充分裹上食材，即是一道美味佳肴。

材料（容易製作的分量）

洋蔥	½顆（約100g）
醬油	½杯
砂糖	2大匙

洋蔥磨成泥之後，裝進乾淨、有蓋的保存容器中，加醬油與砂糖充分混合即可使用。

※放冰箱可保存約1週。

口感濃厚的酪梨配上洋蔥柔和的香味，十分對味。

酪梨沙拉

材料(2人份)

酪梨⋯⋯⋯⋯⋯⋯⋯⋯⋯⋯⋯⋯⋯⋯⋯½顆(約100g)
甜辣洋蔥醬油⋯⋯⋯⋯⋯⋯⋯⋯⋯⋯⋯⋯⋯⋯1大匙

酪梨去籽去皮後，橫向切成厚約7～8mm的
片狀，盛盤，淋上醬汁即可上桌。

每人份75kcal　鹽分0.9g
烹調時間2分鐘

121

清淡的豆芽菜在
甜辣的醬汁調味下，
成了非常下飯的口味。

黃豆芽拌紅蘿蔔絲

材料(2人份)

黃豆芽·······································1袋(約200g)
紅蘿蔔·······································⅛根(約25g)
甜辣洋蔥醬油·······································2大匙

洋蔥醬油炒鮭魚苦瓜

材料(2人份)

鮭魚·······································1片(約100g)
山苦瓜·······································½根(150g)
甜辣洋蔥醬油·······································2大匙
沙拉油

苦瓜的苦味在
醬汁的甘甜中和下，
變得柔順。

適合
帶便當

紅蘿蔔去皮切細絲，與黃豆芽一同放入耐熱
皿中，輕輕蓋上保鮮膜，微波（600W）加熱
3分鐘左右取出，迅速攪拌混合，再蓋上保
鮮膜，繼續加熱1分鐘，倒去湯汁，淋上醬
汁後充分翻拌即可上桌。

每人份60kcal　鹽分1.7g
烹調時間7分鐘

1 鮭魚切成一口大小。苦瓜縱切對半後去瓤
去籽，再橫向切成寬約2～3mm的小片。

2 取一平底鍋，加進1小匙沙拉油，開中火
加熱，鮭魚下鍋後轉中小火，兩面各煎
2～3分鐘，加入苦瓜炒約1分鐘後，加進
醬汁，整體翻拌裹上醬汁後即可起鍋。

每人份116kcal　鹽分1.8g
烹調時間7分鐘

小黃瓜拌西洋芹

材料(2人份)

小黃瓜	2根(約200g)
西洋芹	½根
甜辣洋蔥醬油	2大匙

利用烹調主食之前
的時間先做好，
就能充分入味。

趁食材還溫熱的時
候淋上醬汁
是美味的關鍵。

絞肉拌高麗菜

材料(2人份)

高麗菜葉	4片(約200g)
豬絞肉	120g
甜辣洋蔥醬油	2大匙

1 高麗菜芯處切V字去除硬梗，葉子切成一口大小，與絞肉一同放入耐熱調理盆中。

2 輕輕蓋上保鮮膜，微波（600W）加熱2分鐘左右取出，從盆底將所有食材充分翻攪，再蓋上保鮮膜，繼續加熱2分鐘，倒去湯汁，淋上醬汁後充分翻拌即可上桌。

每人份175kcal 鹽分1.8g
烹調時間6分鐘

小黃瓜以桿麵棍敲打裂開後，切成4cm的長段，再縱向剖半。西洋芹撕去硬絲，切成4cm的長段，較粗的部分再縱向切2～3等分。放入塑膠袋中加入醬汁，充分搓揉後，靜置15分鐘待其入味即可上桌。

每人份37kcal 鹽分1.7g
烹調時間18分鐘

靈活運用事先做好的
醬汁＆常備菜

昆布風味梅子醬

梅乾的酸味與
昆布茶的甘醇，調和出
有深度的美味。

材料（容易製作的分量）

梅乾（鹽分17%以上）	3顆
砂糖	1大匙
昆布茶（顆粒）	1小匙
鹽	½小匙
醋	½杯
水	⅓杯

梅乾去籽後剁碎，裝進乾淨、有蓋的
保存容器中，加入其他材料充分混合
即可使用。

※放冰箱可保存約1週。

白色的鯛魚肉片點上
梅醬的鮮豔色彩，
成就賞心悅目的一盤。

蘿蔔苗鯛魚
捲佐昆布梅子醬

材料(2人份)

鯛魚薄片(生魚片用)	4片
蘿蔔苗	½盒(約20g)
昆布風味梅子醬	1大匙

一片鯛魚片捲起1/4份的蘿蔔苗,剩下的材料也同樣製作。盛盤後,佐上梅子醬即可上桌。

每人份47kcal 鹽分0.4g
烹調時間2分鐘

牛蒡的好口感與
梅子醬的酸味，
引人食指大動。

牛蒡炒雞柳

適合
帶便當

材料(2人份)

雞里肌肉	3條(約150g)
牛蒡	½根(約80g)
昆布風味梅子醬	2大匙

沙拉油　酒

淺漬小黃瓜茗荷

材料(2人份)

小黃瓜	2根(約200g)
茗荷	1塊(約10g)
昆布風味梅子醬	2大匙

熟悉的醬汁
確實入味。

1 雞里肌肉剔除白色筋膜，切成一口大小。牛蒡以刀背刮去外皮，削薄片泡水。

2 取一平底鍋，加進1小匙沙拉油，開中火加熱，雞肉下鍋煎2～3分鐘，翻面再煎約2分鐘。牛蒡瀝去水分，下鍋整體翻炒裹上油後，淋上1大匙酒，快炒至牛蒡熟透後加入醬汁，翻炒至整體均勻即可起鍋。

每人份129kcal　鹽分0.7g
烹調時間8分鐘

小黃瓜隨機削皮，滾刀切成一口大小。茗荷縱切對半後，再斜切成薄片。放入調理盆中，淋上醬汁，快速翻拌，靜置10分鐘入味即可盛盤上桌。

每人份17kcal　鹽分0.3g
烹調時間12分鐘

> 蘿蔔乾的甘美與
> 醬汁的甜美，相組成為
> 絕佳風味。

梅醬拌蘿蔔乾

適合帶便當

材料(2人份)

蘿蔔乾切絲⋯⋯⋯⋯⋯⋯⋯⋯⋯⋯⋯⋯⋯⋯⋯40g
昆布風味梅子醬⋯⋯⋯⋯⋯⋯⋯⋯⋯⋯⋯⋯2大匙

青蔥白灼肉片佐梅子醬

材料(2人份)

豬火鍋肉片⋯⋯⋯⋯⋯⋯⋯⋯⋯⋯⋯⋯⋯⋯150g
蔥⋯⋯⋯⋯⋯⋯⋯⋯⋯⋯⋯⋯⋯⋯½枝(約50g)
昆布風味梅子醬⋯⋯⋯⋯⋯⋯⋯⋯⋯⋯⋯⋯2大匙

靈活運用事先做好的
醬汁＆常備菜

> 簡單的豬肉溫沙拉，
> 請享用。

蘿蔔乾絲浸泡於大量的水中並搓洗，洗至變得柔軟後，再切成容易入口的長度。以熱水煮約2～3分鐘，撈起置於竹篩上放涼。擠乾水分後，放入調理盆中，加入梅子醬充分翻拌即可盛盤上桌。

每人份61kcal 鹽分0.8g
烹調時間8分鐘

1 蔥先切成3～4cm長段，再縱向切成5mm的細絲。

2 豬肉一片片下熱水裡以小火涮煮至熟後，置於竹篩上。接著蔥也放入熱水裡稍微燙過，撈起置於竹篩上放涼。豬肉切成一口大小，與蔥一同放入調理盆中，加入梅子醬充分翻拌即可盛盤上桌。

每人份195kcal 鹽分0.7g
烹調時間6分鐘

以清爽番茄醬調味的
炒德式香腸,
吃來十分爽口。

紫蘇番茄醬

含有大量蔬菜的
醬汁,看起來就是
特別豐盛華麗。

材料(容易製作的分量)

番茄	2顆(約400g)
紫蘇葉	5片
橄欖油	3大匙
鹽	1小匙
蒜泥	½小匙

番茄去蒂,大致切碎。紫蘇葉切除梗
後,切碎。裝進乾淨、有蓋的保存容
器中,加入其他材料充分混合後即可
使用。

※放冰箱可保存約1週。

清爽番茄醬炒
德式香腸

材料(2人份)

德式香腸······6根
洋蔥······½顆(約100g)
紫蘇番茄醬······3大匙
沙拉油

1 德式香腸斜切成2～3等分的小段。洋蔥
切成寬約7～8mm的半月狀後，撥散。

2 取一平底鍋，加進1小匙沙拉油，開中火
加熱，香腸與洋蔥下鍋炒2～3分鐘，加
入醬汁翻炒，炒至整體都均勻裹上醬汁
後即可起鍋。

每人份203kcal　鹽分1.2g
烹調時間6分鐘

天婦羅佐紫蘇番茄醬

材料(2人份)

天婦羅	3片(約90g)
紫蘇番茄醬	2大匙

天婦羅與紫蘇番茄醬
竟意外的合拍！

也很推薦作為
宴客時的前菜。

義式甜椒章魚沙拉

材料(2人份)

水煮章魚腳(可生食等級)	80g
黃甜椒	¼顆(約40g)
紫蘇番茄醬	2大匙

天婦羅放小烤箱或燒烤器※（上下兩面火源），或是在瓦斯爐上架烤網（過程中要翻面）烤3分鐘左右，表面焦香酥脆，切成一口大小，盛盤，淋上醬汁即可上桌。

每人份77kcal　鹽分1.1g
烹調時間5分鐘

※只有單面火源時，以中火烤4～5分鐘，過程中要翻面。

章魚腳切成薄片。甜椒去蒂去籽，橫向切薄片。層層鮮色交疊盛盤，最後淋上醬汁即可上桌。

每人份59kcal　鹽分0.5g
烹調時間3分鐘

紫蘇番茄醬炒蝦仁

材料(2人份)

蝦仁	100g
綠花椰菜	½朵(約120g)
白酒	1大匙
紫蘇番茄醬	3大匙
橄欖油	

醬汁中的番茄與
蝦仁的美味雙重奏。

大量淋上含有
番茄的醬汁,
呈現繽紛色彩。

紫蘇番茄豆腐沙拉

材料(2人份)

板豆腐(大)	½塊(約200g)
紅葉萵苣(sunny lettuce)	2片(約60g)
紫蘇番茄醬	3大匙

---

1 蝦仁挑去泥腸。綠花椰菜切分成小朵,大的再縱切對半。

2 取一平底鍋,加進1小匙橄欖油,開中火加熱,綠花椰菜下鍋炒1～2分鐘,蝦仁也下鍋炒約1分鐘,淋上白酒,快速翻拌,再加入醬汁,翻炒至整體都均勻裹上即可起鍋。

每人份101kcal　鹽分0.6g
烹調時間6分鐘

紅葉萵苣撕成易入口的大小,以容器盛裝。豆腐以廚房紙巾吸乾水分,掰成一口大小,置於紅葉萵苣上,淋上醬汁即可上桌。

每人份98kcal　鹽分0.4g
烹調時間3分鐘

鹽蔥檸檬醬

蔥的香氣與檸檬的
清香是最好的搭配組合。

香氣豐富的醬汁也可以
作為沙拉醬來使用。

材料（容易製作的分量）

蔥‧‧‧‧‧‧‧‧‧‧‧‧‧‧‧‧‧‧‧‧‧‧‧‧‧‧‧‧‧‧‧1枝（約100g）
鹽‧‧1小匙
檸檬（擠汁）‧‧‧‧‧‧‧‧‧‧‧‧‧‧‧‧‧‧‧‧‧‧‧‧‧‧‧‧1顆
麻油‧‧‧‧‧‧‧‧‧‧‧‧‧‧‧‧‧‧‧‧‧‧‧‧‧‧‧‧‧‧‧‧‧‧‧‧‧‧‧½杯

切除蔥綠較硬的部分，剩下的切碎。
裝進乾淨、有蓋的保存容器中，加入
其他材料充分混合即可使用。

※放冰箱可保存約1週。

鹽蔥洋菇沙拉

材料(2人份)

洋菇	3朵(約50g)
綠葉生菜(大)	2片(約60g)
鹽蔥檸檬醬	3大匙

洋菇切薄片，綠葉生菜撕成易入口的大小。盛於容器中，淋上醬汁即可上桌。

每人份71kcal　鹽分0.5g
烹調時間3分鐘

進冰箱稍微冰一下，
有如法式醃菜般入味。

鹽蔥茄子沙拉

材料(2人份)

茄子 ··· 3顆(約300g)
鹽蔥檸檬醬 ··· 2大匙

油豆腐佐鹽蔥檸檬醬

材料(2人份)

油豆腐 ··· 1塊(約170g)
鹽蔥檸檬醬 ··· 2大匙

只是簡單地為油豆腐
淋上醬汁，仍不失為
一道美味餐點！

1 茄子切去蒂頭，縱向等間隔劃較深的
7、8刀，一一以保鮮膜緊緊包覆，微波
（600W）加熱2分鐘左右，上下翻面再繼
續加熱1分鐘，泡冷水降溫。

2 冷卻後拭去水分，從劃刀的地方撕開成小
條狀，放入調理盆中，淋上醬汁充分翻拌
即可享用。

每人份72kcal　鹽分0.3g
烹調時間7分鐘

油豆腐放小烤箱或燒烤器[※]（上下兩面火
源），或是在瓦斯爐上架烤網（過程中要翻
面）烤7～8分鐘左右，切成一口大小，盛
盤，淋上醬汁即可上桌。

每人份170kcal　鹽分0.3g
烹調時間9分鐘

※只有單面火源時，以中火烤8～9分鐘，過程中要翻面。

鹽蔥雞絲沙拉

材料(2人份)

雞胸肉	1片(約200g)
小番茄	8顆(約100g)
鹽蔥檸檬醬	3大匙
酒	

使用有豐富蛋白質的雞肉，也適合下酒的一道菜。

常用於燉菜中的小芋頭，其實也有清爽的吃法！

鹽蔥芋頭沙拉

材料(2人份)

小芋頭	4顆(約360g)
鹽蔥檸檬醬	2大匙

靈活運用事先做好的醬汁&常備菜

1 小芋頭帶皮充分清洗乾淨，縱向淺淺劃2～3刀，一一以保鮮膜緊緊包覆，微波（600W）加熱3分鐘左右，上下翻面再繼續加熱3～4分鐘。

2 放涼後剝去外皮，放進調理盆，以叉子大致壓碎，盛盤，淋上醬汁即可上桌。

每人份136kcal　鹽分0.3g
烹調時間9分鐘

1 雞肉放到耐熱皿上，淋上1大匙酒，蓋上保鮮膜，微波（600W）加熱3分鐘左右，上下翻面，再次蓋上保鮮膜繼續加熱2分鐘，靜置放涼。小番茄去蒂，橫向剖半。

2 雞肉剝下雞皮切成細絲，肉的部分則手撕成一口大小，放入調理盆內，加進小番茄、醬汁充分翻拌即可盛盤上桌。

每人份250kcal　鹽分0.6g
烹調時間10分鐘

甜醋味噌芝麻醬

多了酸味，
濃厚卻爽口。

材料（容易製作的分量）

白芝麻、味噌‥‥‥‥‥‥‥‥‥‥‥各4大匙
砂糖‥‥‥‥‥‥‥‥‥‥‥‥‥‥‥‥1大匙
醋‥‥‥‥‥‥‥‥‥‥‥‥‥‥‥‥‥⅓杯
水‥‥‥‥‥‥‥‥‥‥‥‥‥‥‥‥2～3大匙

所有材料倒進乾淨、有蓋的保存容器
中，充分混合即可使用。

※放冰箱可保存約1週。

口感濃厚的醬汁充分
裹在薄切的蔬菜上。

甜椒佐甜醋
味噌芝麻醬

材料(2人份)

紅、黃甜椒⋯⋯⋯⋯⋯⋯⋯⋯⋯⋯⋯⋯各½顆(約150g)
甜醋味噌芝麻醬⋯⋯⋯⋯⋯⋯⋯⋯⋯⋯⋯⋯⋯2大匙

甜椒去蒂去籽，縱切對半後再橫向切薄，
盛盤，淋上醬汁即可上桌。

每人份50kcal　鹽分0.7g
烹調時間3分鐘

芝麻風味荷蘭豆炒蛋

材料(2人份)

荷蘭豆	15枝(約50g)
蛋	3顆
甜醋味噌芝麻醬	2大匙
沙拉油	

整體充分翻拌，
讓美味的醬汁裹上後，
即可享用。

花椰菜炒得外脆
內鬆軟，非常美味。

甜醋芝麻味噌醬
炒鮪魚花椰菜

適合
帶便當

材料(2人份)

白花椰菜	½顆(約150g)
鮪魚罐頭(70g)	1罐
甜醋味噌芝麻醬	2大匙

1 荷蘭豆去蒂去硬絲。蛋打散。

2 取一平底鍋，加進½大匙沙拉油，開中火
加熱，荷蘭豆下鍋炒約1分鐘左右，倒入
蛋液，快速混攪，蛋呈半熟狀時即可起鍋
盛盤，淋上醬汁即可上桌。

每人份181kcal　鹽分1.0g
烹調時間5分鐘

1 花椰菜切分成小朵，大的再縱切2～4朵。

2 取一平底鍋，倒入1大匙鮪魚罐頭的湯
汁，開中火加熱，花椰菜下鍋，轉中小火
炒2～3分鐘，花椰菜稍微熟了之後，將
鮪魚撥散，入鍋同炒約1分鐘，再加入醬
汁，翻炒至整體都均勻裹上即可起鍋。

每人份145kcal　鹽分1.0g
烹調時間8分鐘

芝麻醬拌豬肉菠菜

材料(2人份)

豬炒肉片 ··· 120g
菠菜 ·· ½大把(約150g)
甜醋味噌芝麻醬 ···································· 2大匙

家常的芝麻菠菜
多加了豬肉,分量升級。

食材的香氣與
美味相聯結。

芝麻味噌風
山苦瓜涼拌炸豆皮

材料(2人份)

山苦瓜 ···································· ½根(約150g)
炸豆皮 ··· 1片
甜醋味噌芝麻醬 ···································· 2大匙

1 豬肉一片片攤開放到熱水中,煮至變色後
撈起。接著將菠菜從根部入鍋,快速燙熟
後撈起,泡冷水,置於竹篩上瀝去水分後
再擠乾,切成3cm的長段。

2 取一調理盆,放入豬肉與菠菜,淋上醬汁
充分翻拌後即可上桌。

每人份198kcal 鹽分0.9g
烹調時間6分鐘

1 苦瓜縱切對半,去瓤去籽。放入小烤箱或
燒烤器※(上下兩面火源),或是在瓦斯
爐上架烤網(過程中要翻面)大火烤2～
3分鐘左右讓外皮變得酥脆,橫向切寬約
5mm的大小。炸豆皮以同樣的方法,中火
烤3～4分鐘,放涼後手撕成一口大小。

2 苦瓜與炸豆皮一同盛盤,淋上醬汁即可。

每人份101kcal 鹽分0.7g
烹調時間9分鐘

※只有單面火源時,苦瓜以大火烤4～5分鐘、炸豆
皮以中火烤3～4分鐘,過程都要翻面。

秋葵酸橘醋醬

甜味強烈的南瓜以
酸橘醋的酸來中和。

秋葵不要燙得過熟，
保留口感是美味的關鍵。

材料（容易製作的分量）

秋葵⋯⋯⋯⋯⋯⋯⋯8～10根（約100g）
薑泥⋯⋯⋯⋯⋯⋯⋯⋯⋯⋯⋯⋯1小匙
酸橘醋⋯⋯⋯⋯⋯⋯⋯⋯⋯⋯⋯⅔杯

秋葵去蒂頭，以熱水快速燙過，撈起
泡進冷水中散熱，置於竹篩上瀝乾水
分，切成小段。裝進乾淨、有蓋的保
存容器中，加入酸橘醋，充分混合即
可使用。

※放冰箱可保存約1週。

南瓜排佐
秋葵酸橘醋

材料(2人份)

南瓜(大)⋯⋯⋯⋯⋯⋯⋯⋯⋯⋯⋯⋯1/8顆(約200g)
秋葵酸橘醋醬⋯⋯⋯⋯⋯⋯⋯⋯⋯⋯⋯⋯⋯2大匙
沙拉油

1 南瓜去籽去瓤，切成長4～5cm、厚約
7～8mm的長片。

2 取一平底鍋，加進1小匙沙拉油，開中火
加熱，南瓜下鍋轉中小火，煎約2～3分
鐘左右，再翻面續煎2分鐘。盛盤，淋上
醬汁即可上桌。

每人份104kcal　鹽分0.7g
烹調時間8分鐘

滑順感倍增，
與白飯最相襯。

秋葵酸橘醋拌納豆

材料(2人份)

納豆	2盒(100g)
秋葵酸橘醋醬	2大匙
紫蘇葉	適量

取一調理盆，倒入納豆與醬汁攪拌至足夠的
黏稠度後，再倒入鋪好紫蘇葉的器皿之中即
可上桌。

每人份109kcal　鹽分0.7g
烹調時間2分鐘

秋葵酸橘醋炒竹輪

材料(2人份)

竹輪	3根(約90g)
蒟蒻(小)	½片(約100g)
秋葵酸橘醋醬	2大匙
麻油	

適合
帶便當

大多以甜辣調味的
家常菜，換換口味，
新鮮感十足。

1 蒟蒻掰成較小的一口大小，以熱水稍微煮
過後，置於竹篩上瀝乾。竹輪斜切成4～5
等分。

2 取一平底鍋，加進½小匙麻油，開中小火
加熱，將蒟蒻下鍋炒約2～3分鐘，加進竹
輪快速翻炒後，再加入醬汁，翻炒至整體
都均勻裹上即可起鍋。

每人份74kcal　鹽分1.7g
烹調時間7分鐘

秋葵酸橘醋涼拌豆腐

材料(2人份)

嫩豆腐(大)	½塊(約200g)
秋葵酸橘醋醬	3大匙

帶有稠度的秋葵伴隨著
滑嫩的豆腐一同入口，
美味滿分。

靈活運用事先做好的醬汁＆常備菜

比加了油的沙拉醬
吃來更健康。

秋葵酸橘醋鯖魚沙拉

材料(2人份)

美生菜	2片(約80g)
水煮鯖魚罐頭(200g)	1罐
秋葵酸橘醋醬	2大匙

美生菜撕成容易入口的大小，盛於盤中。鯖魚倒去湯汁，大致撥散，放在生菜葉上，淋上醬汁即可上桌。

每人份156kcal　鹽分1.3g
烹調時間3分鐘

豆腐以廚房紙巾擦乾後切成一半，盛入容器中，淋上醬汁即可上桌。

每人份68kcal　鹽分1.1g
烹調時間1分鐘

蠔油鮮菇肉燥

多放幾天，味道會更有深度。在做好的當天就直接先來一盤吧！

材料（容易製作的分量）

鴻喜菇	2包（約200g）
豬絞肉	200g
蠔油、醬油、酒	各1大匙
鹽	少許
沙拉油	1小匙

1　鴻喜菇切除根部，撥散成小朵。

2　取一平底鍋，加入沙拉油，開中火加熱，絞肉下鍋，轉中強火炒約2～3分鐘，炒至鬆散後加入鴻喜菇，再炒1分鐘左右，加進蠔油、醬油、酒、鹽，再炒約1分鐘後熄火，放涼後，裝進乾淨、有蓋的保存容器中。

※放冰箱可保存約1週。
※直接吃的話，依取用的分量，調整微波加熱（600W）的時間。

燙好的小松菜鋪上
大量的肉燥,
分量大增。

蠔油肉燥拌
小松菜

適合
帶便當

材料(2人份)

小松菜⋯⋯⋯⋯⋯⋯⋯⋯⋯⋯⋯⋯⋯⋯½把(約150g)
蠔油鮮菇肉燥⋯⋯⋯⋯⋯⋯⋯⋯⋯⋯⋯⋯⋯60g

小松菜燙熟後泡冷水降溫,擠去水分,切
成3cm長段,盛於容器中,加入溫熱的蠔油
鮮菇肉燥即可上桌。

每人份51kcal 鹽分0.5g
烹調時間4分鐘

蠔油肉燥拌山藥

適合
帶便當

材料(2人份)

山藥(小)	8cm(約150g)
蠔油鮮菇肉燥	60g

山藥簡單切成細條，
加入肉燥，
口感更上一層樓。

山藥去皮，依長度對半切，縱切成薄片後再切細長條，盛於容器中，鋪上溫熱的蠔油鮮菇肉燥即可上桌。

每人份84kcal　鹽分0.5g
烹調時間3分鐘

香氣豐盛的日本茼蒿，
也能當成生菜來吃。

蠔油肉燥茼蒿沙拉

材料(2人份)

日本茼蒿	½小把(約80g)
蠔油鮮菇肉燥	80g

日本茼蒿摘下葉子，莖的柔軟部分折成容易入口的長度，再縱向剖半。放入調理盆中，加入溫熱的蠔油鮮菇肉燥，快速翻拌後即可上桌。

每人份59kcal　鹽分0.7g
烹調時間3分鐘

蠔油肉燥拌蘿蔔泥

材料(2人份)

白蘿蔔	6～9cm(200～300g)
蠔油鮮菇肉燥	60g

肉燥拌蘿蔔泥口感清爽，
也適合拿來下酒。

使用了容易吸收湯汁的
蒟蒻絲是美味的關鍵。

蠔油肉燥炒
蒟蒻絲

適合
帶便當

靈活運用事先做好的
醬汁＆常備菜

材料(2人份)

蒟蒻絲	150g
蠔油鮮菇肉燥	80g
麻油	

白蘿蔔去皮磨成泥，擠去水分，放入調理盆
中，淋上溫熱的蠔油鮮菇肉燥，快速翻拌即
可上桌。

每人份54kcal　鹽分0.5g
烹調時間3分鐘

1 蒟蒻絲切成容易入口的長度，以熱水快速
燙過後，瀝乾備用。

2 取一平底鍋，加進1小匙麻油，開中火加
熱，將蒟蒻絲下鍋，轉中小火炒約3～4分
鐘，加進蠔油肉燥，再翻炒2分鐘左右即
可起鍋。

每人份76kcal　鹽分0.6g
烹調時間8分鐘

咖哩銀芽炒雞肉

咖哩粉與香氣豐富的醬汁&醬油一同構成有深度的口味。

材料（容易製作的分量）

豆芽菜	2袋（約400g）
雞胸肉	2片（約400g）
咖哩粉	½大匙
伍斯特醬、醬油	各1大匙
鹽	少許
沙拉油	½大匙

1　雞肉斜刀切成7～8mm的薄片。

2　取一平底鍋，加進沙拉油，開中火加熱，雞肉下鍋下約2～3分鐘，加入咖哩粉翻拌至雞肉都裹上後，再加進伍斯特醬、醬油、鹽，炒1～2分鐘，豆芽菜下鍋，轉大火炒約3分鐘，湯汁幾乎都收乾，熄火，放涼，裝進乾淨、有蓋的保存容器中。

◎如果湯汁過多，可以先將雞肉與豆芽菜先取出，留下湯汁續煮收乾剩¼的量時，再加回雞肉與豆芽菜。

※放冰箱可保存約1週。
※直接吃的話，依取用的分量，調整微波加熱（600W）的時間。

馬鈴薯搭配咖哩，
好吃沒話說！

馬鈴薯咖哩
銀芽炒雞肉

材料(2人份)

馬鈴薯·· 2顆（約300g）
咖哩銀芽炒雞肉 ···································· 100g

1 馬鈴薯不去皮，徹底清洗後，一一以保
　鮮膜緊緊包覆，微波（600W）加熱3分
　鐘左右，上下翻面再繼續加熱2分鐘。

2 將1放入調理盆中，以叉子壓碎成一口
　大小，盛於容器中，鋪上溫熱的咖哩銀
　芽炒雞肉即可上桌。

每人份172kcal　鹽分0.3g
烹調時間7分鐘

149

銀芽雞肉咖哩湯

材料(2人份)

咖哩銀芽炒雞肉	100g
雞高湯粉	1小匙
鹽 醋	

> 咖哩的複雜美味
> 溶於湯中。

> 不必炸，
> 避免過多油膩，
> 只用煎的也能入口酥脆。

咖哩雞肉
迷你炸春捲

**適合
帶便當**

材料(2人份)

春捲皮	4張
	100g
加工起司(Processed Cheese)	40g
○麵粉水	
麵粉、水	各1小匙
沙拉油	

1 麵粉水的材料混合。起司切成細長條。春捲皮靠自己的一角摺起，橫向擺入2條起司，放上¼量的咖哩炒雞肉，將春捲皮的左右兩邊摺起包覆，再從自己這一頭向外捲，捲到最後時，於春捲皮的最後一角抹上麵粉水包好。剩下三根也同樣做法。

2 取一平底鍋，加進2小匙沙拉油，開中小火加熱，將春捲下鍋，兩面各煎2～3分鐘即可起鍋。

**每人份346kcal　鹽分1.5g
烹調時間10分鐘**

取一鍋，加進2杯水、¼小匙鹽、咖哩銀芽炒雞肉、高湯粉，開中火加熱，煮滾後熄火，淋上1大匙醋即可起鍋。

**每人份130kcal　鹽分1.7g
烹調時間4分鐘**

生菜咖哩雞肉

材料(2人份)

紅葉萵苣	2片(約40g)
咖哩銀芽炒雞肉	150g

以生菜葉包起，
大口吃下！

靈活運用事先做好的
醬汁&常備菜

清淡的豆腐與
常備菜同炒，
讓人一吃上癮。

咖哩雞肉炒豆腐

材料(2人份)

板豆腐(大)	½塊(約200g)
蔥	⅓把(約30g)
咖哩銀芽炒雞肉	150g
沙拉油	

1 豆腐以廚房紙巾擦乾水分，切成厚約1cm 的一口大小。蔥切成2cm的長段。

2 取一平底鍋，加進½小匙沙拉油，將豆腐 擺進鍋中，開中火加熱，煎2～3分鐘後， 翻面再煎1分鐘，加進咖哩銀芽炒雞肉， 翻炒約2分鐘，撒入蔥段，快速拌炒即可 起鍋。

每人份173kcal　鹽分0.5g
烹調時間8分鐘

紅葉萵苣縱切對半，盛盤，鋪上溫熱的咖哩 銀芽炒雞肉即可上桌。

每人份90kcal　鹽分0.5g
烹調時間1分鐘

黃芥末籽風味鮭魚鬆

鹽漬鮭魚的鹹味有黃芥末來中和，成了新口味的鮭魚鬆。

加入大量的毛豆與鮭魚捲，色彩繽紛

材料（容易製作的分量）

鹽漬鮭魚⋯⋯⋯⋯⋯⋯⋯⋯4片（約400g）
黃芥末籽醬⋯⋯⋯⋯⋯⋯⋯⋯⋯⋯⋯2大匙

用小烤箱或燒烤器※（上下兩面火源）以中大火預熱2分鐘左右，放入鮭魚片烤8～10分鐘，表皮酥脆上色。放涼後，去皮去骨，魚肉撥散，皮橫向切碎，一同放入調理盆中，加入黃芥末籽醬翻拌，裝進乾淨、有蓋的保存容器中。

※只有單面火源時，同樣要預熱，再以中大火烤10～11分鐘，過程中要翻面。

※放冰箱可保存約1週。
※直接吃的話，依取用的分量，調整微波加熱（600W）的時間。

毛豆鮭魚
鬆蛋捲

適合
帶便當

材料(2人份)

蛋 ·· 3顆
毛豆(未剝殼，冷凍) ················· 80g
黃芥末鮭魚鬆 ······························ 40g
鹽　沙拉油

1　毛豆泡水解凍，剝殼取出。蛋打入調理
　盆中，加少許的鹽，打散，加入毛豆與
　鮭魚鬆後充分攪拌。

2　在煎蛋器裡加入½大匙沙拉油，開中火
　加熱，倒入½量的蛋液，以筷子攪拌，
　煎出半熟的蛋皮後，將蛋皮從外側朝自
　己的方向捲進來，再於空鍋的部分倒入
　½大匙的沙拉油，再將剩下的蛋液倒入
　鍋中，以同樣的方法煎好蛋捲，取出切
　成一口大小即可上桌。

每人份235kcal　鹽分1.0g
烹調時間6分鐘

焗烤菠菜鮭魚鬆

材料(直徑9 x高5.5cm的烤皿2個)

菠菜	½大把(約150g)
披薩用起司	30g
黃芥末鮭魚鬆	40g

西洋口味的鮭魚鬆與
起司搭配，風味絕佳。

鮭魚鬆的鹹度與
地瓜的甜味
調和得剛剛好！

地瓜鮭魚鬆優格沙拉

材料(2人份)

地瓜	1根(約200g)
黃芥末鮭魚鬆	50g
無糖優格	2大匙
鹽 胡椒	

1 地瓜不去皮，徹底清洗後，以保鮮膜緊緊
包覆，微波（600W）加熱3分鐘左右，上
下翻面再繼續加熱1～2分鐘。

2 地瓜趁熱放到調理盆中，以叉子大致壓
碎，加入鮭魚鬆、優格和鹽、胡椒各少
許，充分攪拌混合即可上桌。

每人份184kcal 鹽分0.8g
烹調時間7分鐘

菠菜以熱水燙熟後撈起，泡冷水降溫，擠去
水分，切成長2～3cm的長段，放入烤皿中，
再鋪上鮭魚鬆、起司，進烤箱烤4～5分鐘即
完成。

1個100kcal 鹽分0.8g
烹調時間10分鐘

鮭魚鬆吸收了
金針菇的水分，
口感變得溼潤鬆軟。

鮭魚鬆拌金針菇

適合
帶便當

材料(2人份)

金針菇·····························2袋(約200g)
紫蘇葉································3片
黃芥末鮭魚鬆··························50g

白菜鮭魚鬆沙拉

材料(2人份)

白菜·······················1½片(約150g)
黃芥末鮭魚鬆························50g
橄欖油

有鮭魚鬆的鮮味，
再多的白菜也能
吃得乾乾淨淨。

靈活運用事先做好的
醬汁＆常備菜

金針菇切除根部，依長度對半切，撥散，以
熱水燙熟後撈起，置於竹篩上瀝乾。紫蘇葉
切除硬梗，葉子切細長條，放入調理盆中，
加鮭魚鬆一同快速翻拌即可上桌。

每人份60kcal　鹽分0.4g
烹調時間4分鐘

白菜不去芯橫向切細絲，盛盤，鋪上鮭魚
鬆，淋上1小匙橄欖油即可上桌。

每人份71kcal　鹽分0.4g
烹調時間2分鐘

鹽味南瓜泥

放了大量的南瓜泥，
口感鬆軟。

外皮堅硬的南瓜，
趕回家做菜時才要切
也太費力，事先做成
常備菜是正解。

材料（容易製作的分量）

南瓜（大）⋯⋯⋯⋯⋯⋯⋯½顆（約800g）
鹽⋯⋯⋯⋯⋯⋯⋯⋯⋯⋯⋯⋯1小匙

1 南瓜去瓤去籽，隨機削皮後切成
  3cm的小丁，放入耐熱皿中。

2 輕輕蓋上保鮮膜，微波（600W）
  加熱6分鐘，將中心與靠外側的南
  瓜交換位置，並上下翻面，再次蓋
  上保鮮膜微波加熱3～4分鐘。取
  出趁熱加鹽，以叉子大致壓碎，裝
  進乾淨、有蓋的保存容器中。

※放冰箱可保存約1週。
※直接吃的話，依取用的分量，調整微
  波加熱（600W）的時間。

南瓜豬肉捲

適合
帶便當

材料(2人份)

豬後腿薄片·····························4片(約80g)

鹽味南瓜泥·····························150g

鹽 胡椒 沙拉油

1 將南瓜泥¼的量用力握成酒桶狀,以
一片豬肉薄片捲起,撒上鹽、胡椒各少
許。剩下的也同樣如此捲起。

2 取一平底鍋,加進½小匙沙拉油,開中
火加熱,將1的南瓜肉捲最後閉合的部
分朝下擺放在鍋中,轉中小火煎1～2分
鐘後,再翻轉整體都煎得到,煎4～5分
鐘左右起鍋,對半切,盛盤即可上桌。

每人份150kcal 鹽分1.2g
烹調時間10分鐘

火腿南瓜沙拉

材料(2人份)

鹽味南瓜泥	150g
里肌火腿	2片
美乃滋	

只是將火腿切好拌勻，
回家後2分鐘即可
快速上桌！

鬆軟的歐姆蛋中
放入大量甘甜的南瓜。

南瓜歐姆蛋捲

材料(2人份)

蛋	3顆
	100g
紅甜椒	¼顆(約40g)
奶油 鹽 胡椒	

火腿切成2cm的四方小片，與南瓜泥一同放
入調理盆中，加入2大匙美乃滋，充分拌勻
後即可上桌。

每人份178kcal　鹽分1.4g
烹調時間2分鐘

1 蛋打散。紅甜椒去蒂去籽，切碎。

2 取一平底鍋，加進10g奶油，開中小火加
熱融化奶油後，將甜椒下鍋炒約1分鐘，
再加進南瓜泥，撒上鹽、胡椒各少許。

3 倒入蛋液大幅攪拌，蛋呈半熟狀時由外側
朝自己捲進來，每次摺約⅓的寬度，共摺
3摺，再煎至表面上色即可起鍋。

每人份202kcal　鹽分1.2g
烹調時間7分鐘

南瓜豆乳湯

材料(2人份)

鹽味南瓜泥	120g
豆漿(無調整成分)	¾杯
西式高湯粉	½小匙
黑芝麻(或白芝麻)	1大匙
鹽 胡椒	

使用了有益健康的
南瓜、豆漿、黑芝麻
三種食材。

切碎的培根更能
釋放美味。

培根南瓜餅

材料(2人份)

	150g
培根	2片
蔥	⅛把(約20g)
牛奶	1～2大匙
橄欖油	

1 取一鍋，放入南瓜泥、高湯粉，鹽與胡椒各少許，加入¾杯水，充分攪散後，開中火煮滾。

2 撈除浮渣，加入豆漿與黑芝麻，快煮滾前熄火起鍋。

每人份115kcal 鹽分1.3g
烹調時間6分鐘

1 培根切細絲，蔥切成蔥花，與南瓜泥一同放入調理盆中，加入牛奶，充分攪拌直至變成較硬的南瓜泥，分成4等分，揉成圓餅狀。

2 取一平底鍋，加進1小匙橄欖油，開中火加熱，將**1**的南瓜泥下鍋，轉中小火，兩面各煎2分鐘左右即可起鍋。

每人份164kcal 鹽分1.1g
烹調時間8分鐘

鹽漬白菜紅蘿蔔絲

加鹽揉搓可釋放
蔬菜的水分，
甜味更強烈。

材料(容易製作的分量)

鹽漬白菜紅蘿蔔絲	5片(約500g)
紅蘿蔔	½根(約80g)
鹽	½大匙

白菜橫向切成寬約5mm的細絲。紅蘿蔔去皮，切成長約4～5cm的細絲。一同放入塑膠袋中，撒入鹽，綁好塑膠袋口後從外面搓揉，靜置20分鐘，連同汁液一起裝進乾淨、有蓋的保存容器中。

※放冰箱可保存約1週。

漬菜拿來炒，
別有一番新鮮口感。

鮪魚炒白菜

材料(2人份)

鹽漬白菜……………………………………200g
鮪魚罐頭(70g)…………………………………1罐
薑(切絲)………………………………………1塊
胡椒

取一平底鍋，將鹽漬白菜、鮪魚罐頭的湯
汁、薑絲都下鍋，開中大火炒約1～2分
鐘，加入鮪魚肉稍微翻炒，撒上少許胡椒
即完成。

每人份112kcal　鹽分1.8g
烹調時間4分鐘

161

漬白菜清湯

材料(2人份)

鹽漬白菜	100g
鹽漬白菜的醃汁	⅓杯
雞高湯粉	1小匙

麻油　鹽　胡椒

取一鍋，倒入高湯粉、麻油1小匙、鹽與胡椒各少許，2杯水，開中火煮滾後加入鹽漬白菜與醃汁，再煮滾後關小火續煮1～2分鐘即可起鍋。

每人份35kcal　鹽分2.2g
烹調時間6分鐘

比從生白菜
開始煮更快熟。

Part 4

拿來當下酒菜也很棒的 日式 & 韓式漬物

不論是日式定食中常見的即席漬物，還是飄著麻油香，

勾人食指大動的韓式小菜，都是桌上少一道菜時，最適合登場的時蔬配菜。

這一章將活用「醃漬」的美味，變化出多元菜色，

除了日式的即席醃漬之外，也介紹西式的甜醋或酸醋醃漬的簡單作法。

快來將這些色彩繽紛、也可當作下酒菜的小菜放進你的口袋菜單中。

╲ 溫潤滑口! ╱

╲ 清清爽爽! ╱

╲ 酸酸甜甜! ╱

╲ 香醇美味! ╱

活用了蔬菜原有的爽脆口感，
風味清淡的即席醃漬最適合作為主食的搭配！
多了薑味或辣味，變化更多元。

淺漬蘿蔔

適合
帶便當

材料(2人份)

白蘿蔔(大)······················4cm(約200g)
鹽　辣椒粉(依個人喜好添加)

1 白蘿蔔以削皮器削去外皮後，再削成寬約
　1cm的帶狀，放入調理盆中，撒上⅔小匙的
　鹽搓揉，醃漬5分鐘。

2 以水快速洗去鹽分後，擰乾，盛盤，依個
　人喜好撒上少許辣椒粉。

料理／脇 雅世
每人份18kcal　鹽分1.0g
烹調時間8分鐘

還留有白蘿蔔
清脆的口感。

子的香氣成就出一道
溫和的甜醋漬菜。

適合
帶便當

香柚漬蘿蔔

材料(2人份)

白蘿蔔······················4cm(約150g)
○醃汁
　柚子皮(切絲)······················¼顆
　砂糖、醋······················各1大匙
鹽

1 白蘿蔔去皮，切成1cm的四方長條，放入調
　理盆中，撒上1小匙的鹽搓揉，醃漬10分鐘
　左右。

2 擠去白蘿蔔的水分，擦乾調理盆內的水
　氣，再將白蘿蔔放回，加入醃汁的材料後
　翻拌，醃3分鐘左右即完成。

料理／藤野嘉子
每人份36kcal　鹽分1.3g
烹調時間15分鐘

甜醋漬蘿蔔

材料(2人份)

白蘿蔔	6cm(約220g)

○醃汁

辣椒(切小段)	1根
醋	1½大匙
砂糖	1大匙
鹽	½小匙

1 白蘿蔔去皮,先縱切4等分後,接著再橫向切薄片。

2 放入調理盆中,加入醃汁的材料後混合均勻,最後加入白蘿蔔一同翻拌,醃5分鐘左右即完成。

料理／藤井 惠
每人份28kcal 鹽分1.1g
烹調時間8分鐘

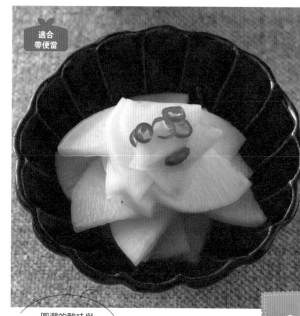

適合帶便當

圓潤的酸味與舒服的口感,讓人停不下筷子。

拿來當下酒菜也很棒的日式&韓式漬物

白蘿蔔皮不浪費,還能做成一道菜。

適合帶便當

魩仔魚拌蘿蔔皮

材料(2人份)

白蘿蔔皮(削厚一些)	⅓根
紅蘿蔔	¼根(約40g)
魩仔魚乾	1大匙
鹽	

1 白蘿蔔皮縱向切絲。紅蘿蔔去皮,切絲。

2 取一調理盆,放入白蘿蔔皮、紅蘿蔔、魩仔魚乾,撒上¼小匙的鹽,醃漬10分鐘即完成。

料理／上田淳子
每人份14kcal 鹽分0.9g
烹調時間13分鐘

梅乾昆布漬高麗菜

材料(2人份)

高麗菜葉	3片(約150g)
梅子乾	1顆
佃煮昆布(切絲)	20g
鹽	

1 高麗菜芯處切V字去除硬梗,切成一口大小。梅子乾去籽,以菜刀大致剁碎。

2 將高麗菜葉放入塑膠袋中,加進¼小匙鹽混合,再加入梅子肉、昆布,束緊袋口從外面搓揉,醃15分鐘後即可享用。

料理／市瀨悅子
每人份28kcal 鹽分1.8g
烹調時間18分鐘

佃煮昆布的甜味中和了
梅子乾的酸味。

簡單的即席醃菜,
加了茗荷更加水嫩。

即席漬高麗菜茗荷

材料(2人份)

高麗菜葉	3片(約150g)
茗荷	2顆(約20g)
鹽 麻油	

1 高麗菜芯切薄片,剩下的部分撕成一口大小。茗荷縱向對半切後,再縱向切薄片。

2 將高麗菜、茗荷與1小匙鹽都放入塑膠袋中,快速混合,醃5分鐘,輕輕擠去水分,盛盤,淋上2小匙麻油即可上桌。

料理／鈴木薰
每人份61kcal 鹽分1.2g
烹調時間9分鐘

淺漬高麗菜

材料(2人份)

高麗菜葉	4片(約200g)
紅蘿蔔	⅓根(約50g)
薑(切絲)	1塊
白芝麻	適量
鹽	

1 高麗菜芯處切V字去除硬梗後,切成一口大
　小。紅蘿蔔去皮,縱向切成厚約5mm的長
　條後,再縱向切薄片。

2 高麗菜、紅蘿蔔、薑絲與½小匙鹽、1大匙
　水都放入塑膠袋中,從袋外搓揉,醃10分
　鐘,輕輕擠去水分,盛盤,撒上芝麻即可
　上桌。

料理／藤井惠
每人份41kcal　鹽分0.8g
烹調時間14分鐘

適合
帶便當

薑味讓整體吃來
更清爽。Good!

拿來當下酒菜也很棒的
日式＆韓式漬物

建議使用高麗菜內部
軟柔嫩的葉子。

適合
帶便當

甜醋漬高麗菜

材料(2人份)

高麗菜內部的葉	3片(約120g)
○醃汁	
巴西利(切碎)、醋	各1大匙
砂糖	1小匙
鹽	1小撮
胡椒	少許

1 高麗菜切成一口大小。

2 取一調理盆,放入高麗菜與醃汁的材料共
　同搓揉,醃10分鐘,輕輕擠去水分後即可
　享用。

料理／大島菊枝
每人份24kcal　鹽分0.8g
烹調時間13分鐘

醬油醃黃瓜

材料(2人份)

小黃瓜··································2根(約200g)
薑(切絲)··································1塊
○醃汁
　砂糖、醋、醬油··································各½大匙
　麻油··································1小匙
　辣油··································少許
鹽

1 小黃瓜間隔削皮，呈條紋狀，再滾刀切成
　一口大小，放入調理盆中，撒上½小匙
　鹽，醃5分鐘。

2 另取一個調理盆，將醃汁的材料都倒入混
　合，醃好的小黃瓜用力擠去水分，與薑絲
　一同加入，再醃3分鐘即完成。

料理／石原洋子
每人份32kcal　鹽分0.9g
烹調時間12分鐘

放冰箱可保存2～3天，
可以先做起來放。

用兩種鮮嫩多汁的
蔬菜做的清爽
即席醃菜。

適合
帶便當

甜醋醃黃瓜西洋芹

材料(2人份)

小黃瓜··································1根(約100g)
西洋芹··································1根(約100g)
○醃汁
　辣椒(去籽)··································½根
　醋··································1½大匙
　砂糖··································2小匙
　鹽··································½小匙

1 小黃瓜間隔削皮，呈條紋狀，斜刀切成寬
　約5mm的片狀。西洋芹去硬絲，斜刀切成
　寬約5mm的片狀。

2 小黃瓜、西洋芹、醃汁的材料都倒入塑膠
　袋中，從袋外搓揉，醃10分鐘即完成。

料理／青木恭子 (studio nuts)
每人份22kcal　鹽分0.8g
烹調時間13分鐘

辣味小黃瓜

材料(2人份)

小黃瓜⋯⋯⋯⋯⋯⋯⋯⋯⋯⋯⋯⋯⋯⋯2根
○醃汁
醋⋯⋯⋯⋯⋯⋯⋯⋯⋯⋯⋯⋯⋯⋯½大匙
鹽、豆瓣醬⋯⋯⋯⋯⋯⋯⋯⋯各⅓小匙

1 小黃瓜切除兩端，以桿麵棍敲打至裂開後，依長度切4等分，再縱向剖半。

2 將小黃瓜、醃汁的材料都倒入塑膠袋中，從袋外搓揉，醃10分鐘，倒去水分後即完成。

料理／重信初江
每人份14kcal　鹽分1.2g
烹調時間13分鐘

豆瓣醬辣得恰到好處，
引人食指大動。

拿來當下酒菜也很棒的
日式＆韓式漬物

只要有鹽昆布便能
決定風味，
輕鬆可完成的漬菜。

適合
帶便當

鹽昆布漬蕪菁

材料(2人份)

小蕪菁⋯⋯⋯⋯⋯⋯⋯⋯⋯⋯3顆(約150g)
蕪菁菜⋯⋯⋯⋯⋯⋯⋯⋯⋯1顆份(約50g)
鹽昆布(切絲)⋯⋯⋯⋯⋯⋯⋯⋯1大匙

1 小蕪菁的葉子切下，留2cm的莖，不去皮，縱向對半切之後，再切向切厚約5mm的薄片。葉子切成3cm長段。

2 將蕪菁、葉子、鹽昆布都倒入塑膠袋中，從袋外搓揉，醃10分鐘，用力擠去水分即完成。

料理／石原洋子
每人份22kcal　鹽分0.5g
烹調時間13分鐘

淺漬青江菜

材料(2人份)

青江菜(大)⋯⋯⋯⋯⋯⋯⋯⋯⋯⋯	3株(約300g)
薑(切絲)⋯⋯⋯⋯⋯⋯⋯⋯⋯⋯⋯⋯	½塊

○醃汁

鹽、醋⋯⋯⋯⋯⋯⋯⋯⋯⋯⋯⋯⋯	各½小匙
砂糖⋯⋯⋯⋯⋯⋯⋯⋯⋯⋯⋯⋯⋯	⅓小匙

1 青江菜依長度切3等分，根部縱向剖成4等分，葉子縱向切半。

2 將青江菜、薑絲、醃汁的材料都放入塑膠袋中，從袋外搓揉，醃10分鐘，用力擠去水分即完成。

料理／藤井 惠
每人份17kcal　鹽分1.0g
烹調時間12分鐘

適合
帶便當

生的青江菜水嫩的
滋味讓人一吃上癮。

蘿蔔絲本身就
有味道了，但因為需要再
次醃漬，因此多泡幾次水
是美味的訣竅。

適合
帶便當

醬油漬蘿蔔絲

材料(2人份)

蘿蔔絲⋯⋯⋯⋯⋯⋯⋯⋯⋯⋯⋯⋯	50g

○醃汁

醬油⋯⋯⋯⋯⋯⋯⋯⋯⋯⋯⋯⋯⋯	½大匙
砂糖、醋⋯⋯⋯⋯⋯⋯⋯⋯⋯⋯	各½小匙
麻油⋯⋯⋯⋯⋯⋯⋯⋯⋯⋯⋯⋯⋯	⅓小匙

1 蘿蔔絲快速清洗後，放入調理盆中，注入大量的水，浸泡5～10分鐘後倒掉再換新，如此重複2～3回，將蘿蔔絲泡開後，輕輕擠去水分，切成容易入口的長度。

2 另取一調理盆，將醃汁的材料都倒入混合，加進蘿蔔絲一同翻拌，醃10分鐘後即完成。

料理／重信初江
每人份86kcal　鹽分0.8g
烹調時間17分鐘

柚香淺漬白菜

材料(2人份)

白菜葉·······························2片(約200g)
柚子皮(切絲)·····························適量
鹽

1 白菜的葉子與芯切分開來，葉子切成一口
大小，芯切成5～6cm長，再縱向切絲。

2 取一調理盆，放入白菜、柚子皮、1小匙鹽
混合，表面蓋上保鮮膜，用比調理盆口徑
小一圈的盤子壓在上方，醃15分鐘後，輕
輕擠去水分即完成。

料理／荒木典子
每人份17kcal 鹽分1.5g
烹調時間18分鐘

適合
帶便當

柚子的香氣成就出
高雅的風味。

拿來當下酒菜也很棒的
日式＆韓式漬物

紅紫蘇粉與醋組成的
清爽風味，最適合搭配
口味濃厚的主菜。

適合
帶便當

紅紫蘇漬山藥

材料(2人份)

山藥(小)·····················12cm(約250g)
○醃汁
　紅紫蘇粉·····························2小匙
　醋································1小匙

1 山藥去皮，切成4cm的長條。

2 取一調理盆，將山藥、醃汁的材料都放入
混合，醃5分鐘後即完成。

料理／館野鏡子
每人份79kcal 鹽分1.4g
烹調時間7分鐘

西式醋漬菜

西式醋漬菜（pickles，或譯成西式泡菜，主要功能是長期保存食材）不可或缺的醋具有舒緩疲勞的功效，推薦在晚餐時來一盤。可以事先做好隨時取用，十分方便。

醋漬雙菇

材料(2人份)

鮮香菇	4朵(約80g)
鴻喜菇	1大包(約170g)

○醋漬液

月桂葉	1片
砂糖	1½大匙
鹽	½小匙
醋、水	各⅓杯

1 鮮香菇切去蒂頭，傘面切成4等分。鴻喜菇切去底部，撥散成小朵。

2 取一非鋁製的鍋子，將香菇、鴻喜菇、醋漬液的材料都放入鍋中，開中火加熱，煮滾後轉小火，蓋上鍋蓋煮約1分30秒，食材移到耐熱調理盆內放涼即完成。

料理／今泉久美
每人份29kcal　鹽分0.6g　烹調時間9分鐘

適合帶便當

香菇精華溶入醋漬液中，交織成更有深度的風味。

薑味蘿蔔

材料(2人份)

白蘿蔔	4cm(約150g)
紅蘿蔔	⅓根(約50g)

○醋漬液

薑(不去皮，切薄片)	2塊
醋	2大匙
砂糖	1小匙
鹽	½小匙
水	½杯

1 紅蘿蔔、白蘿蔔去皮，切成約1cm的長條棒狀，白蘿蔔放入耐熱調理盆中。

2 取一非鋁製的鍋子，將紅蘿蔔與醋漬液的材料放入鍋中，開中火加熱煮滾後，倒進剛才放了白蘿蔔的耐熱調理盆中，放涼即完成。

料理／重信初江
每人份32kcal　鹽分0.8g　烹調時間10分鐘

薑的辛辣味讓人留下深刻印象。

適合帶便當

甜醋漬鵪鶉蛋

材料(2人份)

水煮鵪鶉蛋 8顆
西洋芹 ....1根(約100g)
○醋漬液
  砂糖 3大匙
  鹽 1小匙
  醋 ....⅓杯
  水 ....¼杯

1 西洋芹撕去硬絲，滾刀切一口大小。

2 取一耐熱調理盆，放入西洋芹與醋漬液的材料，輕輕蓋上保鮮膜，微波（600W）加熱3分鐘左右，加入鵪鶉蛋，醃15分鐘，過程中攪拌一次入味後即完成。

料理／小田真規子
每人份92kcal　鹽分1.2g
烹調時間20分鐘

適合帶便當

使用西式醋漬菜中常見的鵪鶉蛋，簡單的一道菜。

拿來當下酒菜也很棒的日式&韓式漬物

西式泡菜

只要將蔬菜放入醋漬液中再微波加熱即可。

適合帶便當

材料(2人份)

白蘿蔔(大) ....4cm(約200g)
小黃瓜 ....1根(約100g)
紅甜椒 ....½顆(約80g)
○醋漬液
  砂糖 1½大匙
  鹽 1⅓小匙
  醋 ....⅓杯
  水 1杯

1 白蘿蔔去皮，切成約1cm的長條棒狀。小黃瓜依長度切4等分，再縱向切4等分。甜椒去蒂去籽，縱向切成6等分後，再斜切對半。

2 取一耐熱調理盆，將醋漬液的材料倒進去混合後，放入蘿蔔、小黃瓜、甜椒，表面輕輕蓋上保鮮膜，微波（600W）加熱2分鐘左右，放涼即完成。

料理／重信初江
⅓份28kcal　鹽分0.9g　烹調時間10分鐘

醋漬番茄甜椒

材料(2人份)

小番茄·····················8顆(約100g)
紅甜椒·····················½顆(約80g)
○醋漬液
  月桂葉·····················1片
  砂糖······················1大匙
  鹽·······················½小匙
  醋、水····················各⅓杯

1 小番茄去蒂頭,以牙籤在皮上刺4、5個洞。甜椒去蒂去籽,縱向切成3等分後,再依長度切3等分。

2 取一耐熱調理盆,將醋漬液的材料倒進去混合後,蓋上保鮮膜,微波(600W)加熱1分鐘左右,取出攪拌,馬上再放入小番茄與甜椒,翻拌後放涼即完成。

料理／井原裕子
每人份53kcal　鹽分1.5g
烹調時間9分鐘

適合
帶便當

小番茄以牙籤戳洞,
較容易入味。

蜂蜜溫和的甜味使得
醋酸變得圓潤。

適合
帶便當

蜂蜜漬白花椰

材料(2人份)

白花椰·····················½株(約160g)
○醋漬液
  蜂蜜·····················1½大匙
  鹽·······················⅓小匙
  白酒醋(或醋)、水··········各¼杯

1 白花椰菜分切成小朵。取一耐熱調理盆,將醋漬液的材料倒進去混合後,放入白花椰菜快速翻拌。

2 輕輕蓋上保鮮膜,微波(600W)加熱1分40秒左右,取出翻拌,再次蓋上保鮮膜微波1分鐘後,放涼即完成。

料理／藥袋絹子
每人份48kcal　鹽分0.5g
烹調時間9分鐘

醋漬黃瓜茗荷

材料(2人份)

小黃瓜⋯⋯⋯⋯⋯⋯⋯⋯⋯⋯⋯⋯⋯⋯⋯2根(約200g)
茗荷⋯⋯⋯⋯⋯⋯⋯⋯⋯⋯⋯⋯⋯⋯⋯⋯4顆(約40g)
○醋漬液
[醋⋯⋯⋯⋯⋯⋯⋯⋯⋯⋯⋯⋯⋯⋯⋯⋯⋯2大匙
  砂糖⋯⋯⋯⋯⋯⋯⋯⋯⋯⋯⋯⋯⋯⋯⋯⋯1大匙
  鹽⋯⋯⋯⋯⋯⋯⋯⋯⋯⋯⋯⋯⋯⋯⋯⋯⋯½小匙
  水⋯⋯⋯⋯⋯⋯⋯⋯⋯⋯⋯⋯⋯⋯⋯⋯⋯4大匙]

1 小黃瓜切去兩端，縱向剖半後以小湯匙刮除中間的籽，依長度切4等分。茗荷縱切對半。

2 取一耐熱調理盆，將醋漬液的材料倒進去混合後，蓋上保鮮膜，微波（600W）加熱1分鐘左右，馬上放入小黃瓜與茗荷，翻拌後放涼，進冰箱冰12～13分鐘即可取出享用。

料理／荒木典子
每人份26kcal 鹽分0.8g
烹調時間17分鐘

適合帶便當

小黃瓜去籽後，
輕脆的口感更加顯著。

享受兩種食材
截然不同的口感。

適合帶便當

醋漬金針菇

材料(2人份)

金針菇⋯⋯⋯⋯⋯⋯⋯⋯⋯⋯⋯⋯⋯⋯⋯1袋(約100g)
紅蘿蔔(大)⋯⋯⋯⋯⋯⋯⋯⋯⋯⋯⋯⋯⋯½根(約100g)
○醋漬液
[砂糖⋯⋯⋯⋯⋯⋯⋯⋯⋯⋯⋯⋯⋯⋯⋯⋯½大匙
  鹽⋯⋯⋯⋯⋯⋯⋯⋯⋯⋯⋯⋯⋯⋯⋯⋯⋯⅓小匙
  醋⋯⋯⋯⋯⋯⋯⋯⋯⋯⋯⋯⋯⋯⋯⋯⋯⋯¼杯
  水⋯⋯⋯⋯⋯⋯⋯⋯⋯⋯⋯⋯⋯⋯⋯⋯⋯½杯]

1 金針菇切除根部，依長度對半切，撥散。紅蘿蔔去皮，對半切後再切成7～8mm的棒狀。

2 取一非鋁製的鍋子，將醋漬液的材料放入鍋中混合，開中火加熱，煮滾後放入金針菇，再次煮滾加入紅蘿蔔，熄火，放涼即完成。

料理／重信初江
每人份41kcal 鹽分1.1g
烹調時間10分鐘

西式油漬菜

西式油漬菜（mariné，或譯西式醃漬，主要功用是讓食材入味，與西式泡菜的長期保存還是有些不同。）特別適合搭配西式主菜。使用醋、檸檬汁或是油類，可刺激食欲，及幫助攝取大量蔬菜。

蜂蜜漬南瓜

材料(2人份)

南瓜(小)	⅙顆(約200g)

○醃汁

橄欖油、檸檬汁	各1大匙
蜂蜜	½大匙
鹽	¼小匙
粗粒黑胡椒	少許

1 南瓜去瓤去籽，切成寬約1cm的一口大小，放入耐熱皿中，輕輕蓋上保鮮膜，微波（600W）加熱2分30秒左右。

2 將醃汁的材料倒入調理盆中，攪拌均勻後，加進南瓜快速翻拌即完成。

料理／新谷友里江
每人份164kcal　鹽分0.8g
烹調時間6分鐘

適合帶便當

胡椒統整了全體酸甜的滋味。

高麗菜泡軟後更入味。

西式火腿泡菜

材料(2人份)

高麗菜葉	4片(約200g)
洋蔥	¼顆(約50g)
里肌火腿	2片

○醃汁

醋	2大匙
砂糖、沙拉油	各½大匙
鹽	⅓小匙

1 高麗菜芯切V字去除硬梗，葉子切成一口大小。洋蔥橫切對半後，再縱向切薄片，沖水洗過後擠去水分。火腿對半切後，再切成寬約1cm的小片。

2 取一調理盆，放入高麗菜、洋蔥，撒上鹽與砂糖，加進火腿、醋、沙拉油後翻拌均勻，靜置5分鐘入味後即可享用。

料理／田口成子
每人份100kcal　鹽分1.5g　烹調時間9分鐘

涼拌櫛瓜培根

材料(2人份)

櫛瓜	根(約150g)
培根	2片

○醃汁

橄欖油	2大匙
醋	1大匙
鹽	¼小匙
蒜泥	少許

粗粒黑胡椒

1 櫛瓜以削皮刀削成條狀。培根切成寬約1cm的小片。

2 取一耐熱調理盆,將醃汁的材料倒入攪拌後,加入櫛瓜與培根,快速翻拌,輕輕蓋上保鮮膜,微波(600W)加熱1分30秒左右,盛盤,撒上少許粗粒黑胡椒即完成。

料理╱下条美緒
每人份197kcal　鹽分1.1g
烹調時間6分鐘

櫛瓜削薄,更容易加熱
是料理的關鍵。

拿來當下酒菜也很棒的
日式＆韓式漬物

繽紛的色彩與
檸檬的酸味,
讓人食欲大開。

適合
帶便當

香檸毛豆小番茄

材料(2人份)

毛豆(帶殼)	200g
小番茄	8顆(約80g)

○醃汁

麻油	1大匙
檸檬汁	2小匙
鹽	½小匙
砂糖	¼小匙

鹽

1 毛豆放入鍋中,加1杯水、1小匙鹽,蓋上鍋蓋開中火煮滾,約4分鐘,過程掀起攪拌一下,熄火後悶1分鐘,再取出毛豆剝殼。小番茄去蒂,縱切成4等分。

2 取一調理盆,將醃汁的材料倒入中攪拌後,加入毛豆與小番茄,充分翻拌即完成。

料理╱下条美緒
每人份130kcal　鹽分1.5g
烹調時間9分鐘

和風醃烤大蔥

材料(2人份)

大蔥...................................2根(約200g)

○醃汁

柴魚片、醋、味醂、醬油、水..........各1大匙

砂糖...................................1小匙

沙拉油 酒

1 蔥切成3cm長段，醃汁的材料調和在一起。

2 取一平底鍋，倒入1大匙多一點的沙拉油，開中火加熱，蔥段下鍋邊煎邊翻面煎至表面焦香，加入2大匙酒，蓋上鍋蓋轉小火悶蒸3分鐘左右，倒入醃汁後熄火，蓋上鍋蓋靜置10分鐘即完成。

料理／館野鏡子
每人份102kcal 鹽分0.8g
烹調時間16分鐘

以蔥作為主角，想要再多上一道菜時最好用。

檸香茄子

材料(2人份)

茄子...................................3顆(約300g)

○醃汁

橄欖油.................................1大匙

檸檬汁.................................1小匙

鹽.....................................⅓小匙

粗粒黑胡椒.............................少許

鹽

1 茄子去蒂，以削皮刀削去外皮後，縱切4等分，再橫向切成寬約2cm的小段。放入耐熱調理袋中，加入2杯水、½小匙鹽，封口，靜置5分鐘。取一調理盆，倒入醃汁的材料攪拌。

2 打開調理袋，倒去水分，封好後封口摺半朝下，放入耐熱皿中，微波（600W）加熱4分鐘，再整袋泡進冷水中散熱，涼了之後擠去水分，泡入醃汁中快速翻拌即完成。

料理／脇 雅世
每人份86kcal 鹽分1.2g
烹調時間13分鐘

軟綿的茄子帶有檸檬清香。

西式甜椒蘿蔔泡菜

材料(2人份)

黃甜椒·····················1顆(約150g)
白蘿蔔(小)·················4cm(約100g)
○醃汁

月桂葉·····················	1片
醋、白酒····················	各1½大匙
砂糖·······················	¾小匙
鹽·························	⅓小匙

橄欖油
粗粒黑胡椒

1 甜椒縱切剖半，去蒂去籽，縱向切成寬約1cm
的長條。蘿蔔以削皮刀去皮後，削成帶狀。

2 取一調理盆，將醃汁的材料倒入攪拌，放入
甜椒與蘿蔔，充分翻拌，加入2又½大匙橄欖
油混合，盛盤後，撒上少許粗粒黑胡椒即可
上桌。

料理／栗山真由美
每人份178kcal　鹽分1.0g
烹調時間7分鐘

食材與醃汁快速翻拌，
口味清淡。

拿來當下酒菜也很棒的
日式&韓式漬物

炒過後變更
甜的甜椒，多了檸檬味
便不怕膩。

油漬烤甜椒

材料(2人份)

紅、黃甜椒··················各½顆(約150g)
大蒜·······················1瓣
○醃汁

檸檬汁·····················	1大匙
醬油·······················	1小匙
蜂蜜·······················	½小匙
粗粒黑胡椒··················	少許

橄欖油

1 甜椒去蒂去籽，切成2cm的四方小塊。大蒜縱
切對半。混合醃汁的材料。

2 取一平底鍋，加入½大匙橄欖油與大蒜，開
小火加熱，爆香之後轉中火，加入甜椒炒約2
分鐘，倒入醃汁整體翻拌即完成。

料理／堤 人美
每人份114kcal　鹽分0.5g
烹調時間6分鐘

 **韓式小菜**

韓國涼拌小菜最重要的決定關鍵，在於香氣十足的麻油與芝麻，也常使用大蒜，讓人胃口大開。

韓式涼拌小松菜

材料(2人份)

小松菜·······························⅓把(約100g)

○調味料

| 黑芝麻·······························1½大匙 |
| 麻油·······························1大匙 |
| 蒜泥、鹽、砂糖·······················各少許 |

鹽

1 小松菜的葉子與莖切分開來，在加了少許鹽的熱水中依序放入小松菜的莖、葉快速燙熟後，浸泡冷水降溫，擠去水分，切成5cm的長段。

2 取一調理盆，倒入調味料的材料攪拌，再放入小松菜充分翻拌即完成。

料理／下条美緒
每人份100kcal　鹽分0.4g
烹調時間6分鐘

沒有特殊澀味的青菜
加了大蒜，衝勁十足。

大蒜與麻油的風味顯著，
餘韻長遠。

韓式涼拌菠菜

材料(2人份)

菠菜·······························1小把(約200g)

○調味料

| 白芝麻·······························1大匙 |
| 麻油·······························1小匙 |
| 鹽·······························⅛～¼小匙 |
| 蒜泥·······························少許 |

1 菠菜的葉子與莖切分開來，依序將莖、葉放入在熱水中快速燙熟後，浸泡冷水降溫，擠去水分，切成3cm的長段。

2 取一調理盆，倒入調味料的材料攪拌，放入菠菜充分翻拌即完成。

料理／上田淳子
每人份64kcal　鹽分0.7g
烹調時間6分鐘

趁蔬菜還溫溫的時候
拌入鹽與麻油·
更容易入味。

韓式涼拌高麗豆芽菜

材料(2人份)

高麗菜葉(大)	1片(約60g)
豆芽菜	½袋(約100g)

○調味料

麻油	½大匙
鹽、粗粒黑胡椒	各少許

1 高麗菜芯切V字去除硬梗，葉子的部分切成一口大小。

2 取一耐熱調理盆，放入高麗菜與豆芽菜，輕輕蓋上保鮮膜，微波（600W）加熱2分30秒左右，取出散熱後，擠去湯汁，趁還溫溫的時候，加入調味料，快速翻拌即完成。

料理／市瀨悅子
每人份41kcal　鹽分0.3g
烹調時間8分鐘

以麻油與烤海苔
增添香氣,
美味加倍。

適合
帶便當

涼拌海苔白菜

材料(2人份)

白菜 ⋯⋯⋯⋯⋯⋯⋯⋯⋯⋯⋯⋯⋯⋯ ⅛顆(約200g)

烤海苔(整片) ⋯⋯⋯⋯⋯⋯⋯⋯⋯⋯⋯⋯⋯⋯ 1片

○調味料

　麻油 ⋯⋯⋯⋯⋯⋯⋯⋯⋯⋯⋯⋯⋯⋯ ½大匙

　鹽 ⋯⋯⋯⋯⋯⋯⋯⋯⋯⋯⋯⋯⋯⋯ ¼小匙

1 切開白菜的芯與葉子,葉子切成一口大小,芯縱切對半後,再斜切成寬約1cm的長條。

2 取一耐熱調理盆,放入白菜,輕輕蓋上保鮮膜,微波(600W)加熱1分30秒左右,取出散熱後,擠去湯汁,擦乾調理盆的水氣,再將白菜放回,加入調味料的材料混合,海苔撕成小片加入,快速翻拌即完成。

料理╱石原洋子
每人份45kcal　鹽分0.8g
烹調時間7分鐘

韓式高麗菜沙拉

材料(2人份)

高麗菜葉	4片(約200g)
玉米粒(乾蒸包)	1包(約60g)

○調味料

麻油、白芝麻	各1大匙
醋	½大匙
鹽	⅓小匙

鹽

1. 高麗菜切成3cm的四方小片,放入加了少許鹽的熱水中快速燙熟後,撈起瀝乾。

2. 取一調理盆,調味料的材料倒入盆中混合,放入高麗菜與玉米粒快速翻拌即完成。

料理／新谷友里江
每人份128kcal　鹽分1.2g
烹調時間4分鐘

適合
帶便當

芝麻的風味統合了
高麗菜與玉米的甜美。

以加了咖哩粉熱水
來燙豆芽菜,便有了淡淡
的香料味。

咖哩風涼拌火腿芽菜

材料(2人份)

豆芽菜	1袋(約200g)
里肌火腿	2片
咖哩粉	2小匙

○調味料

白芝麻、麻油	各½大匙
鹽、醬油	各¼小匙
蒜泥	少許

鹽

1. 取一鍋,倒入4杯水煮滾,加入少許的咖哩粉與鹽,豆芽菜入鍋,煮至沸騰後再煮1分鐘,撈起置於竹篩上。火腿對半切後再切成寬約1cm的長條。

2. 取一調理盆,調味料的材料倒入盆中攪拌,放入豆芽菜與火腿快速翻拌即完成。

料理／堤 人美
每人份86kcal　鹽分1.4g
烹調時間6分鐘

韓式涼拌綠花椰菜

材料(2人份)

綠花椰菜⋯⋯⋯⋯⋯⋯⋯⋯⋯⋯⋯⋯⋯ ½顆(約100g)

○調味料

| 大蒜(切碎)⋯⋯⋯⋯⋯⋯⋯⋯⋯⋯⋯⋯⋯⋯ 1小瓣
| 白芝麻、麻油⋯⋯⋯⋯⋯⋯⋯⋯⋯⋯⋯ 各1大匙
| 醬油⋯⋯⋯⋯⋯⋯⋯⋯⋯⋯⋯⋯⋯⋯⋯⋯ ½小匙
| 鹽⋯⋯⋯⋯⋯⋯⋯⋯⋯⋯⋯⋯⋯⋯⋯⋯⋯ ⅓小匙

1 綠花椰菜切分成小朵，莖縱切對半，依長度
切成2～3等分後，剔去厚厚的一層皮，縱切
薄片後，再縱向切成2～3等分，以熱水快速
燙30秒，撈起置於竹篩上。

2 取一調理盆，將調味料的材料倒入盆中攪
拌，放入綠花椰菜充分翻拌即完成。

料理／武藏裕子
每人份118kcal　鹽分1.3g
烹調時間5分鐘

綠花椰菜連莖的部分
都用上，完全不浪費。

具有獨特風味的
日本茼蒿十分適合
韓式調味。

韓式拌茼蒿

材料(2人份)

日本茼蒿⋯⋯⋯⋯⋯⋯⋯⋯⋯⋯⋯⋯ 1把(約200g)

○調味料

| 麻油⋯⋯⋯⋯⋯⋯⋯⋯⋯⋯⋯⋯⋯⋯⋯⋯ 1大匙
| 白芝麻⋯⋯⋯⋯⋯⋯⋯⋯⋯⋯⋯⋯⋯⋯ ½大匙
| 醬油⋯⋯⋯⋯⋯⋯⋯⋯⋯⋯⋯⋯⋯⋯⋯⋯ 1小匙
| 蒜泥、鹽⋯⋯⋯⋯⋯⋯⋯⋯⋯⋯⋯⋯ 各少許
白芝麻⋯⋯⋯⋯⋯⋯⋯⋯⋯⋯⋯⋯⋯⋯⋯ 適量
鹽

1 茼蒿在加了少許鹽的熱水中燙約30秒，浸泡
冷水降溫，擠去水分，切除根部後，再切成
3～4cm的長段。

2 取一調理盆，將調味料的材料倒入盆中攪
拌，放入茼蒿充分翻拌，盛盤，撒上白芝麻
即完成。

料理／坂田阿希子
每人份93kcal　鹽分1.1g
烹調時間5分鐘

韓式涼拌銀芽豆苗

材料(2人份)

豆苗 ······································ 1袋(約300g)
豆芽 ····································· ½袋(約100g)
○調味料
白芝麻 ·································· 1大匙
麻油 ····································· 2小匙
鹽 ·· ⅓小匙

1 取一耐調理盆,放入豆苗與豆芽菜,輕輕蓋上保鮮膜,微波(600W)加熱1分30秒。

2 另取一調理盆,將調味料的材料倒入盆中攪拌,將**1**的蔬菜快速沖洗後確實擠乾水分,放入調味料的調理盆中,充分翻拌即完成。

料理／上田淳子
每人份103kcal 鹽分1.0g
烹調時間6分鐘

適合帶便當

豆苗與豆芽的口感清脆,適合一同調味。

使用含豐富膳食纖維的海帶芽,健康的一道小菜。

涼拌海帶芽

材料(2人份)

鹽漬海帶芽 ······························ 30g
洋蔥 ····································· ¼顆(約50g)
○調味料
白芝麻、麻油 ···························· 各1小匙
蒜泥、鹽 ································· 各少許匙

1 海帶芽泡水10分鐘,擠去水分,切成容易入口的長度。洋蔥縱向切薄片,泡水10分鐘,擠去水分。

2 取一調理盆,將調味料的材料倒入盆中混合,加入海帶芽與洋蔥快速翻拌即完成。

料理／上田淳子
每人份40kcal 鹽分0.6g
烹調時間14分鐘

青蔥炒竹輪

材料(2人份)

竹輪	2根(約60g)
蔥	½(約50g)

○調味料

白芝麻	1大匙
蒜(磨成泥)	½瓣
醬油	1小匙

麻油 鹽 胡椒

1 竹輪斜切成厚約5mm的小片。蔥切成5cm的
長段。取一調理盆,將調味料的材料倒入盆
中混合。

2 取一平底鍋,加進1大匙麻油,開中火加熱,
竹輪下鍋炒約1分鐘,再加進蔥快速拌炒,撒
上鹽、胡椒各少許,倒進裝有調味料的調理
盆快速翻拌即完成。

料理／堤 人美
每人份129kcal 鹽分1.5g
烹調時間6分鐘

使用竹輪,
鮮味與口感都升級。

牛蒡炒過再拌調味料,
更入味。

韓式炒牛蒡

材料(2人份)

牛蒡(大)	½根(約120g)

○調味料

白芝麻	2大匙
醬油	1小匙
蒜泥、鹽、胡椒	各少許

麻油

1 牛蒡以刀背刮去外皮,再以削皮刀削下薄
片,泡水5分鐘,撈起置於竹篩上。調味料的
材料混合均勻。

2 另取一平底鍋,加進1大匙麻油,開中火加
熱,牛蒡下鍋炒約2分鐘,熄火,加進調味料
翻拌,使整體牛蒡裹上醬汁後即完成。

料理／堤 人美
每人份146kcal 鹽分0.9g
烹調時間10分鐘

料多味美的湯品

忙碌的日子裡，與其增加菜色品項，不如煮一碗含有大量蔬菜、
料多味美的湯品，具有一道抵兩道的效果。
這一章就來介紹使用快熟食材製作的 54 道湯品，
從健康的味噌湯到西式的濃湯應有盡有。

\\ 中式清湯 \\

\\ 日式清湯 \\

\\ 西式清湯 \\

\\ 味噌湯 \\

\\ 奶香濃湯 \\

味噌湯

餐桌上只要飄著味噌的香氣，就讓人心情也輕鬆了起來。
以味道、口感取勝的食材煮的味噌湯更是絕品。
味噌屬發酵食品，對身體健康十分有益，有機會就多多攝取吧。

小松菜牛蒡味噌湯

材料(2人份)

小松菜	3株(約100g)
牛蒡	⅓根(約50g)
高湯	2杯
味噌	

1 牛蒡以洗鍋刷刷去泥土，以刀削小片，泡水3分鐘後，撈起擠乾水分。小松菜切成3～4cm長段。

2 取一湯鍋，倒入高湯與牛蒡，開中火煮滾後撈去浮沫，蓋上鍋蓋，轉小火煮3～4分鐘，依序加入小松菜的莖、葉，稍微煮一下，溶入1又⅓大匙的味噌，即可熄火起鍋。

料理／今泉久美
每人份50kcal　鹽分1.7g
烹調時間11分鐘

牛蒡的香醇與分量，讓人吃得好滿足！

有海瓜子的鮮美提味，不需另外熬煮高湯。

海瓜子馬鈴薯味噌湯

材料(2人份)

馬鈴薯	1顆(約130g)
海瓜子(帶殼、已吐砂)	150～200g
味噌	

1 馬鈴薯去皮，切成一口大小，泡水5分鐘後，撈起置於竹篩上。海瓜子彼此磨搓去土洗淨，瀝乾。

2 取一湯鍋，倒進2又½杯水、海瓜子、馬鈴薯，開中火煮滾後撈去浮沫，轉小火煮2～3分鐘，海瓜子開口後，溶入2大匙的味噌，即可熄火起鍋。

料理／武藏裕子
每人份88kcal　鹽分2.9g
烹調時間11分鐘

蕪菁油豆腐味噌湯

材料(2人份)

蕪菁(小)	2顆(約80g)
蕪菁葉	2～3片(約30g)
油豆腐	⅓塊
高湯	2杯
味噌	

1 蕪菁去皮，縱向切8等分呈半月狀，葉子切成2.5cm的長段。油豆腐縱向切半後，再橫向切成寬約1cm的小片。

2 取一湯鍋，放入高湯、蕪菁、油豆腐，開中火煮滾後，蓋上鍋蓋，轉中小火煮5～6分鐘，加入蕪菁葉，再煮1分鐘左右，溶入1又½大匙的味噌，即可熄火起鍋。

料理／大庭英子
每人份73kcal 鹽分1.9g
烹調時間13分鐘

蕪菁入口即化的柔軟，
讓人忍不住一口接一口！

食材是與滷嫩筍
接近的組合，
吃來有種熟悉感。

竹筍海帶芽味噌湯

材料(2人份)

水煮竹筍(縱向切片)	½枝(約60g)
海帶芽(乾燥)	1小匙
高湯	2杯
味噌	

1 竹筍依長度對半切，下半部橫向切成寬約5mm的小片，上半部則縱向切2～3小塊。

2 取一湯鍋，倒進高湯，開中火煮滾後加入竹筍，轉小火煮2～3分鐘，溶入2大匙的味噌，最後加進海帶芽稍微煮一下即可熄火起鍋。

料理／井原裕子
每人份48kcal 鹽分2.5g
烹調時間9分鐘

南瓜青海苔味噌湯

材料(2人份)

南瓜(小) ·· ½顆(約100g)
高湯 ··· 2杯
青海苔粉 ··· 適量
味噌

1 南瓜去瓤去籽後，切成寬約5mm，長2cm的小片。

2 取一湯鍋，倒進高湯與南瓜，開中火煮滾後，轉小火煮3～4分鐘，溶入2大匙的味噌，熄火起鍋，盛入容器中，撒上青海苔粉即完成。

料理／藤野嘉子
每人份78kcal　鹽分2.5g
烹調時間10分鐘

南瓜的甘甜溶入湯中，
與海苔意外地合拍。

使用易熟的食材，
轉眼間就完成。

荷蘭豆蔥段味噌湯

材料(2人份)

荷蘭豆 ································· 10枝(約30g)
蔥 ··· 4枝
高湯 ······································ 2杯
白芝麻 ···································· 1小匙
味噌

1 荷蘭豆莢去蒂頭與硬絲。蔥切成4cm長段。

2 取一湯鍋，倒進高湯，開中火煮滾後加入荷蘭豆煮約1分鐘後，轉小火溶入1又½～2大匙的味噌，熄火加進蔥段，起鍋盛入碗中，撒上白芝麻即可享用。

料理／小林澤美
每人份45kcal　鹽分1.9g
烹調時間6分鐘

馬鈴薯洋蔥味噌湯

材料(2人份)

馬鈴薯	1顆(約130g)
洋蔥	¼顆(約50g)
高湯	2杯
蔥(切蔥花)	1大匙
味噌	

1 馬鈴薯去皮，切成薄薄的扇狀。洋蔥切成薄薄的半月狀。

2 取一湯鍋，放入高湯、馬鈴薯、洋蔥，開中火煮滾後再繼續煮2分鐘。溶入1又½大匙的味噌，熄火盛入碗中，撒上蔥花即可享用。

料理／坂田阿希子
每人份79kcal　鹽分1.9g
烹調時間8分鐘

蔬菜的甜味顯著，
喝下一口
便心暖暖的味道。

山藥輕輕敲散，
還可享受到
脆脆的口感。

脆口山藥味噌湯

材料(2人份)

山藥	6cm(約150g)
蘿蔔苗	¼盒(約10g)
高湯	2杯
味噌	

1 山藥去皮放入塑膠袋中，以桿麵棍敲打成稍大一口的大小。蘿蔔苗依長度對半切。

2 取一湯鍋，放入高湯與山藥，開中火煮滾後，轉中小火，溶入2大匙的味噌，熄火盛入碗中，擺上蘿蔔苗即可享用。

料理／藥袋絹子
每人份84kcal　鹽分2.5g
烹調時間7分鐘

蘿蔔韭菜味噌湯

材料(2人份)

白蘿蔔	3.5cm(約130g)
韭菜	⅓把(約30g)
高湯	1¾杯
白芝麻	1大匙
味噌	

1 白蘿蔔去皮,切成厚約3～4mm的圓片,再切細長條。韭菜切成5mm的小段。

2 取一湯鍋,放入高湯與白蘿蔔,開中火煮滾後撈去浮沫,蓋上鍋蓋,轉小火煮3～4分鐘,溶入1大匙的味噌,再加進韭菜,稍微煮一下即熄火,撒入白芝麻,快速攪拌一下即可起鍋。

料理／今泉久美
每人份54kcal 鹽分1.3g
烹調時間11分鐘

家常的白蘿蔔味噌湯
多了芝麻的香氣。

煮出蜆仔的精華,
不需要另外加高湯!

蜆仔味噌湯

材料(2人份)

蜆仔(帶殼,已吐砂)	150g
高麗菜葉(大)	1片(約70g)
味噌	

1 蜆仔彼此磨搓去土洗淨,瀝乾。高麗菜切成稍小的一口大小。

2 取一湯鍋,倒進2杯水與蜆仔,開中火煮滾後撈去浮沫,加入高麗菜煮約3分鐘,等蜆仔開口後,溶入1又½大匙的味噌即可熄火起鍋。

料理／武藏裕子
每人份45kcal 鹽分1.8g
烹調時間8分鐘

蔬菜的甜味顯著
喝下一口
便心暖暖的味道。

炒牛蒡豬五花味噌湯

材料(2人份)

牛蒡	⅓根(約50g)
豬五花火鍋片	50～60g
高湯	2½杯

醋 沙拉油 味噌 七味粉

料理／武藏裕子
每人份167kcal　鹽分2.0g
烹調時間13分鐘

1 牛蒡以洗鍋刷刷去泥土，斜刀切薄片，在加了少許醋的水中浸泡5分鐘後，撈起擠乾水分。豬五花切成寬約1.5cm的小片。

2 在鍋中倒進½大匙沙拉油，開中火加熱，放入豬肉炒至變色，加進牛蒡稍微拌炒後，倒入高湯。

3 煮滾後，撈除浮沫再續煮2分鐘，溶入1又½～2大匙的味噌，熄火盛入碗中，撒上少許七味粉即可享用。

薑的辣味使得
尾韻綿長。

豬肉茄子味噌湯

材料(2人份)

茄子	1條(約100g)
豬五花火鍋片	90g
高湯	2杯
薑(切碎)	1塊
薑泥	少許
麻油 味噌	

1 茄子去蒂頭，縱向剖半後再橫向切成寬約2～3mm的小片。豬五花切成寬約1cm的小片。

2 在鍋中加進2小匙麻油與薑末，開中火炒1分鐘，放入豬肉與茄子稍微炒拌炒，倒入高湯。

3 煮滾後，撈除浮沫轉小火煮5～6分鐘，溶入2大匙的味噌，熄火盛入碗中，點上薑泥即可享用。

料理／坂田阿希子
每人份261kcal　鹽分2.5g
烹調時間13分鐘

蘿蔔乾絲味噌湯

材料(2人份)

蘿蔔乾絲	20g
鴨兒芹	¼束(約15g)
高湯	2杯
味噌	

1 蘿蔔乾絲浸泡在大量的水中搓洗，洗至變軟後，用力擠去水分。鴨兒芹切成2～3cm的長段。

2 取一湯鍋，放入高湯，開中火煮滾後，加入蘿蔔乾絲，轉小火煮約2分鐘，溶入2大匙的味噌，加入鴨兒芹即可熄火起鍋。

料理／重信初江
每人份60kcal　鹽分2.0g
烹調時間8分鐘

蘿蔔乾絲也會煮出美味的高湯，成就出鮮美又有層次的滋味。

加了豆渣，健康滿點，也很推薦在早餐時享用。

豆渣味噌湯

材料(2人份)

牛蒡	⅓根(約50g)
鮮香菇	2朵(約40g)
豆渣	50g
高湯	1⅔杯
蔥花	適量
味噌	

1 牛蒡以菜刀刮去外皮，切成1cm的四方小丁，快速清洗後瀝乾。香菇切除梗，切成1cm的四方小丁。

2 取一湯鍋，放入高湯、牛蒡、香菇，開中火煮滾後，蓋上鍋蓋，轉小火煮10分鐘左右，加入豆渣，再次煮滾後，溶入1～1又½大匙的味噌，熄火盛入碗中，撒上蔥花即可享用。

料理／大庭英子
每人份70kcal　鹽分1.3g
烹調時間16分鐘

高湯中再加
蛋豆腐的醬汁，
口味較濃厚。

蛋豆腐清湯

材料(2人份)

蛋豆腐(附醬汁)	2塊(約130g)
蘿蔔苗	½盒(約20g)
高湯	1½杯
鹽	

1 蛋豆腐縱橫對半切。

2 煮取一湯鍋，放入高湯，蛋豆腐附的醬汁與⅓小匙的鹽，開中火煮滾後，再放入蛋豆腐、蘿蔔苗，煮約2分鐘即完成。

料理／落合貴子
每人份35kcal　鹽分1.9g
烹調時間5分鐘

百搭的豆腐與菇類的
快手料理。

金針菇豆腐清湯

材料(2人份)

板豆腐	½塊(約150g)
金針菇	½袋(約50g)
高湯	2杯

醬油 味醂 鹽

1 豆腐切成1cm的四方小丁。金針菇切除根部，依
長度對半切，撥散。

2 取一湯鍋，放入高湯、豆腐與金針菇，開中火煮
滾後，加入醬油、味醂各1小匙，鹽¼小匙，快
速攪拌即完成。

料理／上田淳子
每人份72kcal　鹽分1.2g
烹調時間4分鐘

蔬菜豆腐湯

材料(2人份)

嫩豆腐	⅛塊(約60g)
紅蘿蔔	⅛根(約20g)
荷蘭豆(大)	4～5枝(約20g)
高湯	1½杯
鹽 醬油	

1 紅蘿蔔去皮，切絲。荷蘭豆去蒂去硬絲後，切絲。豆腐切成厚約1cm，寬約1cm的長條棒狀。

2 取一湯鍋，放入高湯，開中火煮滾後，放入荷蘭豆與紅蘿蔔，蓋上鍋蓋，轉小火煮3分鐘左右，加½小匙鹽、少許醬油，攪拌後，加入豆腐稍微煮一下即完成。

料理／脇 雅世
每人份25kcal 鹽分1.7g
烹調時間8分鐘

切成棒狀的豆腐與切絲的蔬菜成就出一碗口感極佳的湯品。

削成小片的牛蒡與鴨兒芹的香氣成就出清新高雅的口味。

牛蒡鴨兒芹清湯

材料(2人份)

牛蒡	⅓根(約50g)
鴨兒芹	⅓束(約25g)
高湯	2杯
酒 醬油 鹽	

1 牛蒡以刀背刮去外皮，削小薄片，泡水5分鐘後，撈起擠乾水分。鴨兒芹切成3～4cm長段。

2 取一湯鍋，放入高湯與牛蒡，開中火煮滾後，蓋上鍋蓋，轉中小火煮5分鐘左右，加入1大匙酒、1小匙醬油、½小匙鹽後攪拌，加入鴨兒芹即可熄火起鍋。

料理／石原洋子
每人份24kcal 鹽分2.2g
烹調時間14分鐘

薑絲蜆湯

材料(2人份)

蜆仔(帶殼，已吐砂) ··· 100g
薑(切絲) ··· ½塊
酒 鹽

1 蜆仔彼此磨搓去土洗淨，瀝乾。

2 取一湯鍋，倒進2杯水、2大匙酒、蜆仔與薑絲，開中火煮滾後再續煮約5分鐘，蜆仔開口後，撈除浮沫，加少許的鹽即可熄火起鍋。

料理／鈴木 薰
每人份8kcal　鹽分0.5g
烹調時間9分鐘

薑的風味與蜆仔的
鮮美都融合在湯中。

沒有食欲時最推薦的
清爽湯品。

小黃瓜豆腐湯

材料(2人份)

板豆腐(小) ··· ½塊(約100g)
小黃瓜 ··· ½根(約50g)
高湯 ··· 2杯
鹽 醬油

1 小黃瓜去皮，縱切剖半後，再斜切成薄片，撒以少許的鹽，靜置5分鐘，擠去水分。豆腐以廚房紙巾擦乾，掰成一口大小。

2 取一湯鍋，放入高湯，開中火煮滾後，放入豆腐、⅓小匙鹽、少許醬油，再次煮滾後，放入小黃瓜，再煮1分鐘左右即完成。

料理／田口成子
每人份44kcal　鹽分1.5g
烹調時間11分鐘

西式清湯不論是配飯還是搭麵包都很棒，
湯底可以用雞高湯或是番茄高湯，變化多元豐富，
加入色彩繽紛的各式食材，喝得身心都暖暖。

銀芽火腿湯

材料(2人份)

豆芽菜	½袋(約100g)
里肌火腿	2片
西式高湯粉	¼小匙

沙拉油　鹽　胡椒

1 火腿對半切後，再切成細長條。

2 取一鍋，加入1小匙沙拉油，開中火加熱，
火腿與豆芽菜下鍋快炒，加入2杯水、高湯
粉，煮滾後加⅓小匙鹽、少許胡椒，以中
小火煮3～4分鐘即完成。

料理／大庭英子
每人份61kcal　鹽分1.6g
烹調時間8分鐘

大量的豆芽菜
帶來青脆的口感。

越煮越有味的
德式香腸與番茄的酸甜，
共同譜出深度美味。

香腸番茄湯

材料(2人份)

高麗菜葉	2片(約100g)
德式香腸	2根
番茄汁(無鹽)	¾杯
西式高湯粉	½大匙

橄欖油　鹽　粗粒黑胡椒

1 高麗菜芯切V字去除硬梗，葉子切成3～
4cm的小方片。德式香腸斜切成厚約5mm
的小片。

2 取一鍋，加入1小匙橄欖油，開中火加熱，
德式香腸下鍋翻炒，整體裹上油後，加入1
又¼杯水、番茄汁，煮滾後加入高麗菜、
高湯粉，再煮7～8分鐘，加少許的鹽，盛
入碗中，撒上少許粗粒黑胡椒即完成。

料理／新谷友里江
每人份97kcal　鹽分1.7g　烹調時間13分鐘

培根高麗菜湯

材料(2人份)

高麗菜葉 ·· 2片(約100g)
培根 ·· 1片
西式雞高湯塊 ······························· 1塊
橄欖油 鹽 胡椒

1 高麗菜芯切V字去除硬梗,葉子切成2cm的
小方片。培根切成寬約1cm的小片。

2 取一鍋,加入橄欖油,開中火加熱,高麗
菜與培根下鍋炒,整體裹上油後,加入2杯
水、高湯塊,再次煮滾後,轉小火續煮5分
鐘,撒上少許的鹽與胡椒即完成。

料理/上田淳子
每人份60kcal 鹽分1.4g
烹調時間11分鐘

蔬菜與培根的
鮮美即是簡單的調味。

炒過的洋蔥與
玉米的甘甜在
口中溫柔的散開來。

蘆筍玉米湯

材料(2人份)

綠蘆筍(大) ······································ 2根(約50g)
玉米粒(罐裝) ····································· 3大匙
洋蔥(切碎) ···························· ¼顆(約50g)
西式高湯粉 ································· 1小匙
奶油 鹽 胡椒

1 蘆筍切除根部約2cm,下半部的3cm削皮,
斜刀切成寬約1cm的小片。將玉米罐頭倒去
湯汁。

2 取一鍋,加入10g奶油,開中火加熱融化,
洋蔥下鍋炒至變軟,再加入蘆筍、玉米,
整體翻炒之後,加入2杯水、高湯粉,撒上
少許的鹽與胡椒再稍微煮一下即完成。

料理/藥袋絹子
每人份68kcal 鹽分1.3g
烹調時間7分鐘

義式風味雜菜湯

材料(2人份)

高麗菜葉	2片(約100g)
油豆腐	1塊(約160g)
番茄汁(有鹽)	1杯
西式高湯粉	⅓小匙

橄欖油 醬油 鹽 胡椒

1 高麗菜芯切V字去除硬梗，葉子切成3cm的小方片。油豆腐放在篩子上，以熱水沖淋後，擦乾水分，切成2.5cm的小丁。

2 取一鍋，加入2小匙橄欖油，開中火加熱，高麗菜與油豆腐下鍋快炒，加入高湯粉、番茄汁與1杯水，煮4～5分鐘，加½小匙醬油、¼小匙鹽及少許胡椒即完成。

料理／堤 人美
每人份88kcal a鹽分1.8g
烹調時間9分鐘

油豆腐十足的存在感，
實在飽足！

四喜蔬菜湯

材料(2人份)

紅蘿蔔	⅓根(約50g)
馬鈴薯	1顆(約150g)
洋蔥	¼顆(約50g)
小番茄	6顆(約75g)
西式雞高湯塊	½塊

酒 鹽 胡椒

1 蘿蔔、馬鈴薯都去皮，切成1cm的小丁。洋蔥切1cm的小丁。小番茄去蒂，縱切對半。

2 取一鍋，加入2杯水、1大匙酒、高湯塊、紅蘿蔔、馬鈴薯、洋蔥，開中火加熱，煮滾後撈去浮沫，蓋上鍋蓋續煮10分鐘左右，加進小番茄，撒上少許的鹽與胡椒即完成。

料理／脇 雅世
每人份90kcal 鹽分1.0g
烹調時間16分鐘

蔬菜切得較小塊，
感覺分量更升級。

半熟蛋的溫潤滑順，
讓番茄的酸味也
變得圓融。

番茄蛋包湯

材料(2人份)

蛋	2顆
洋蔥	¼顆(約50g)
大蒜(切薄片)	1瓣
番茄汁(無鹽)	1½杯
西式高湯粉	1小匙
巴西利(大致切碎)	少許

橄欖油 鹽 胡椒 砂糖

1 蛋分別打在小容器中。洋蔥縱向切薄片。

2 取一鍋，加入2小匙橄欖油、洋蔥、大蒜，開中火加熱，炒至洋蔥變軟，加進½杯水、番茄汁與高湯粉煮滾後，加入少許的鹽、胡椒、砂糖。

3 將蛋倒進湯中，蓋上鍋蓋轉小火煮3～4分鐘，盛入碗中，撒上巴西利碎即完成。

料理／小林澤美
每人份158kcal　鹽分1.5g
烹調時間8分鐘

馬鈴薯切得較小塊些，
短時間也可以煮得綿密、
入口即融。

馬鈴薯培根湯

材料(2人份)

馬鈴薯⋯⋯⋯⋯⋯⋯⋯⋯⋯⋯⋯⋯1顆(約130g)
洋蔥⋯⋯⋯⋯⋯⋯⋯⋯⋯⋯⋯⋯½顆(約100g)
培根⋯⋯⋯⋯⋯⋯⋯⋯⋯⋯⋯⋯⋯⋯⋯2片
西式雞高湯塊⋯⋯⋯⋯⋯⋯⋯⋯⋯⋯⋯½塊

橄欖油　鹽　胡椒　粗粒黑胡椒

1 馬鈴薯去皮，切成1cm的小丁。洋蔥切1cm的四方塊。培根切細長條。

2 取一鍋，加入1大匙橄欖油，開中火加熱，培根下鍋炒至表面酥脆，加入洋蔥、馬鈴薯一同快炒，加進2杯水、高湯塊煮滾後，蓋上鍋蓋轉小火煮10分鐘左右。

3 加進¼～⅓小匙鹽、少許胡椒，盛入碗中，撒上少許的粗粒黑胡椒即可享用。

料理／坂田阿希子
每人份190kcal　鹽分1.6g
烹調時間14分鐘

焦化洋蔥番茄咖哩湯

材料(2人份)

洋蔥·····························½顆(約100g)
番茄(小)·························顆(約150g)
咖哩粉······························1小匙
西式高湯粉··························½小匙
橄欖油 鹽

1 洋蔥縱向切薄片。將番茄去蒂，切成1cm的
小丁。

2 取一鍋，加入 ½ 大匙橄欖油，開中火加
熱，洋蔥下鍋轉大火炒約4分鐘，使洋蔥焦
化，加入咖哩粉、番茄一同快炒，加進2杯
水、高湯粉、⅓ 小匙鹽，再稍微煮滾後即
完成。

料理／市瀨悅子
每人份62kcal　鹽分1.3g
烹調時間8分鐘

炒至焦化的洋蔥是
美味的來源。

蔬菜炒過後再煮，
甜味會整個濃縮在一起

櫛瓜番茄湯

材料(2人份)

番茄(小)························· 1顆(約150g)
櫛瓜······························½根(約80g)
西式高湯粉·························⅓小匙
橄欖油 酒 醬油 鹽 胡椒

1 番茄去蒂，切成一口大小。櫛瓜縱切4等分
後，再切成厚約7mm的小片。

2 取一鍋，加入1小匙橄欖油，開中火加熱，
番茄與櫛瓜下鍋快炒，加進2杯水、高湯
粉、2小匙酒、1小匙醬油，鹽、胡椒各少
許，再稍微煮滾後即完成。

料理／堤 人美
每人份42kcal　鹽分1.1g
烹調時間7分鐘

紅蘿蔔雞肉湯

材料(2人份)

紅蘿蔔··································⅓根(約50g)
雞里肌肉···························1條(約50g)
西式高湯粉·························½小匙
醬油 鹽 胡椒

1 紅蘿蔔以削皮刀削去外皮後,再削成帶狀。雞里肌剔除白色筋膜,斜刀切成一口大小。

2 取一鍋,加入2杯水、高湯粉、½小匙醬油、鹽與胡椒各少許攪拌,雞肉下鍋,開中火加熱,煮滾後續煮2分鐘,加入紅蘿蔔再稍微煮一下即完成。

料理／堤 人美
每人份38kcal 鹽分0.9g
烹調時間8分鐘

削成薄片的紅蘿蔔,
又甜又軟的口感
讓人一吃上癮。

蔬菜自然的甘甜
融入湯中,十分美味。

蘆筍洋蔥湯

材料(2人份)

綠蘆筍(大)·······················4根(約120g)
洋蔥··································½顆(約100g)
西式雞高湯塊························1塊
沙拉油 酒 醬油 胡椒

1 蘆筍切除根部的2cm,下半部的3cm削皮,斜刀切成約3～4cm的小段。將洋蔥縱向切薄片。

2 取一鍋,加入½大匙沙拉油,開中小火加熱,洋蔥下鍋炒至變軟,再加入蘆筍稍微炒過後,加入2杯水、高湯塊。

3 轉大火撈去浮沫,加入1大匙酒、1小匙醬油,撒上少許胡椒稍微煮一下即完成。

料理／今泉久美
每人份64kcal 鹽分1.3g
烹調時間8分鐘

簡單義式雜菜湯

材料(2人份)

洋蔥	½顆(約100g)
番茄(小)	1顆(約100g)
德式香腸	2根
西式高湯粉	⅓小匙
起司粉	少許
鹽 胡椒	

1 洋蔥切1cm的四方小塊。番茄去蒂切1cm的小丁。德式香腸切成厚約7mm的小段。

2 取一鍋加入2杯水、高湯粉、⅓小匙鹽與少許胡椒，開中火加熱，煮滾後加進洋蔥、番茄、德式香腸，再次煮滾後蓋上鍋蓋，轉小火煮約2分鐘，盛入碗中，撒上起司粉即可享用。

料理／井原裕子
每人份87kcal　鹽分1.6g
烹調時間9分鐘

即使烹調的時間很短，有德式香腸與起司的鮮味也夠好吃！

料多味美的湯品

清爽的番茄與濃厚的酪梨打在一起，冰冰的喝。

酪梨番茄冷湯

材料(2人份)

番茄(小)	2顆(約240g)
酪梨	½顆
檸檬汁	1大匙
鹽 胡椒	

1 番茄去蒂，磨成泥後，倒入調理盆中，加進檸檬汁、½小匙鹽、少許胡椒，一起攪拌均勻。

2 酪梨去籽去皮，切成1cm的小丁，加入1的調理盆中混合，放冰箱冰鎮後即完成。

料理／井原裕子
每人份95kcal　鹽分1.5g
烹調時間8分鐘

中式清湯

多以雞骨高湯為基底，醬油或麻油調味，與榨菜、干貝、櫻花蝦等食材十分搭配，成就出甘醇濃郁的美味，讓人胃口大開。

鮮菇蘿蔔湯

材料(2人份)

白蘿蔔	3cm(約100g)
鴻喜菇	⅓包(約30g)
雞高湯粉	⅓小匙

醬油 鹽 胡椒 麻油

1 蘿蔔去皮，縱切4等分後，再橫向切成厚約5mm的小片。鴻喜菇切去根部，撥散。

2 取一鍋，加入2杯水、高湯粉、2小匙醬油，鹽、胡椒與麻油各少許，攪拌混合，放入蘿蔔與鴻喜菇，開中火加熱，煮滾後轉小火繼續煮5～6分鐘即完成。

料理／青木恭子(studio nuts)
每人份25kcal 鹽分1.5g
烹調時間11分鐘

鴻喜菇濃郁的風味與醬油的香氣，尾韻長存。

口感滿分，且熱量極低的健康湯品。

櫻花櫻白菜湯

材料(2人份)

白菜葉(小)	1片(約80g)
櫻花蝦	5g
雞高湯粉	1小匙

鹽 胡椒

1 白菜橫向切寬1～1.5cm的長條，放入調理盆中，撒上½小匙鹽靜置5分鐘後，輕輕擠去水分。

2 取一鍋，開中火加熱，放入櫻花蝦，快速翻炒後熄火，加入白菜、2杯水，開大火煮滾後加高湯粉，蓋上鍋蓋，轉小火煮約5分鐘後，撒上鹽、胡椒各少許即可享用。

料理／栗山真由美
每人份17kcal 鹽分2.3g
烹調時間13分鐘

美生菜火腿酸辣湯

材料(2人份)

美生菜葉 ······················· 2片(約80g)
里肌火腿 ································· 2片
蔥花 ······································ 1大匙
薑(切碎) ································ 1塊
雞高湯粉 ································· 1小匙
麻油 醋 鹽 胡椒

1 美生菜撕成一口大小。火腿對半切後再切成細絲。

2 取一鍋，加入1小匙麻油、蔥、薑，開中火爆香後，倒入2杯水、高湯粉，煮滾後加火腿、2小匙醋、鹽與胡椒各少許，放入美生菜再稍微煮一下即完成。

料理／上田淳子
每人份61kcal　鹽分1.6g
烹調時間8分鐘

酸酸辣辣讓人
一吃上癮，日常湯品的
簡易版作法。

加入干貝罐頭的
湯汁同煮，鮮美加倍。

青江菜干貝湯

材料(2人份)

青江菜(小) ······················ 株(約100g)
水煮干貝罐頭(70g) ····················· ½罐
薑片 ······································ 2片
雞高湯粉 ································ ¼小匙
鹽

1 青江菜縱切4等分後，再橫向切成寬約4cm的小段。

2 取一鍋，加入2杯水、高湯粉、薑片，攪拌混合，干貝撥散，連同湯汁一起倒入鍋中，開中火加熱，煮滾後加½小匙鹽，依序放入青江菜的莖與葉，再次煮滾後蓋上鍋蓋續煮2～3分鐘即完成。

料理／井原裕子
每人份23kcal　鹽分1.9g
烹調時間10分鐘

咕溜滑順的冬粉
好入口，勾點芡來
讓身體更暖和。

蔬菜冬粉湯

材料(2人份)

冬粉	20g
鮮香菇	3朵(約60g)
紅蘿蔔(小)	¼根(約30g)
雞高湯粉	½小匙

○勾芡水

太白粉、水 各2小匙

鹽 胡椒 麻油 粗粒黑胡椒

1 冬粉剪成容易入口的長度。香菇去蒂，切絲。紅
蘿蔔去皮，切絲。勾芡水的材料調和在一起。

2 取一鍋，加入2杯水、高湯粉、冬粉，開中火加
熱，煮滾後放入香菇、紅蘿蔔煮3～4分鐘，撒上
鹽、胡椒各少許，將事先調好的勾芡水再攪拌一
次，勾芡，淋上1小匙麻油，盛入容器之中，撒
上少許粗粒黑胡椒即可享用。

料理／荒木典子
每人份78kcal 鹽分1.4g
烹調時間11分鐘

用常會多出來的
蔬菜就能做的
清爽湯品。

時蔬清湯

材料(2人份)

高麗菜葉(大)	1片(約60g)
紅蘿蔔	⅕根(約30g)
洋蔥	⅓顆(約60g)
雞高湯粉	1小匙

鹽 胡椒

1 高麗菜芯切V字去除硬梗，葉子的部分切成5cm
長條。紅蘿蔔去皮切絲。洋蔥縱切成薄片。

2 取一鍋，加入2又½杯水，開中火加熱，煮滾後
加入高湯粉、洋蔥、紅蘿蔔、高麗菜，再次煮滾
後轉小火繼續煮10～12分鐘，加進¼小匙鹽與
少許胡椒即完成。

料理／田口成子
每人份27kcal　鹽分1.4g
烹調時間18分鐘

青蔥冬粉湯

材料(2人份)

冬粉	30g
蔥	4枝
雞高湯粉	½小匙
薑(磨成泥)	2塊

酒 鹽 胡椒

1 冬粉剪成易入口的長度。蔥切成3cm小段。

2 取一鍋,加入2杯水、高湯粉,開中火加熱,煮滾後放入冬粉、薑與1大匙酒、⅓小匙鹽、少許胡椒煮3分鐘,加入蔥段再稍微煮一下即完成。

料理／井原裕子
每人份63kcal 鹽分1.3g
烹調時間7分鐘

加入大量的薑,
喝得身體暖烘烘。

以絞肉熬湯是中式的
手法,就不需要額外的
高湯粉了。

韭菜肉末湯

材料(2人份)

韭菜	½把(約50g)
豬絞肉	60g

沙拉油 酒 鹽 胡椒

1 韭菜切成5mm的小段。

2 取一鍋,加入1小匙沙拉油,開中火加熱,絞肉下鍋炒至變色,加入1大匙酒、2杯水,煮滾撈去浮沫,轉小火,加⅓小匙鹽、撒上少許胡椒,蓋上鍋蓋再煮約8分鐘左右,最後撒入韭菜稍微煮一下即完成。

料理／大庭英子
每人份91kcal 鹽分1.1g
烹調時間13分鐘

海帶芽白菜湯

材料(2人份)

白菜葉(小)……………………………………	1片(約80g)
海帶芽(乾燥)…………………………………	1小匙
雞高湯粉………………………………………	¼小匙
鹽 胡椒	

1 白菜切成約1.5cm的四方小塊。

2 取一鍋，加入2杯水、高湯粉，開中火加熱煮滾後，放入½小匙鹽與少許胡椒、白菜，再次煮滾後蓋上鍋蓋，轉小火續煮3～4分鐘，加進海帶芽再稍微煮一下即完成。

料理／井原裕子
每人份7kcal　鹽分1.8g
烹調時間10分鐘

適合搭配重口味主菜的清淡湯品。

清脆的豆芽菜與粒粒分明的玉米粒，口感豐富！

銀芽玉米湯

材料(2人份)

玉米罐頭(130g)………………………………	1罐
豆芽菜……………………………………………	½包(約100g)
雞高湯粉………………………………………	½小匙
酒 鹽 胡椒	

1 玉米罐頭倒去湯汁。

2 取一鍋，加入2杯水、高湯粉，開中火加熱煮滾後，加1大匙酒、⅓小匙鹽與少許胡椒，豆芽菜、玉米粒同煮，再次煮滾後續煮2～3分鐘即完成。

料理／井原裕子
每人份63kcal　鹽分1.7g
烹調時間8分鐘

榨菜冬粉湯

材料(2人份)

冬粉	20g
榨菜(罐頭裝)	20g
雞高湯粉	1小匙
蔥花	少許
鹽 胡椒	

1 冬粉浸在熱水裡5分鐘泡發，瀝乾水分，切成容易入口的長度。榨菜大致切碎。

2 取一鍋，加入2杯水、高湯粉、⅓小匙鹽調和後，開中火加熱，煮滾後放入冬粉、榨菜，煮約1分鐘，盛入容器裡，撒上少許胡椒、加入蔥花即完成。

料理／重信初江
每人份45kcal　鹽分2.3g
烹調時間9分鐘

只要有榨菜，
就可確立
中式湯品的風味。

筍片的鹹度與甘醇
決定了整碗湯的味道。

銀芽筍片湯

材料(2人份)

豆芽菜	½包(約100g)
筍乾(已調味)	30g
雞高湯粉	1小匙
蔥花	適量
鹽 胡椒	

1 取一鍋，加入1又½杯水、高湯粉、豆芽菜、筍乾後攪拌一下，開大火加熱。

2 煮滾後轉中火，加入鹽、胡椒各少許，盛入碗中，擺上蔥花即完成。

料理／藤井 惠
每人份22kcal　鹽分1.7g
烹調時間5分鐘

香煎小松菜湯

材料(2人份)

小松菜	1株(約100g)
金針菇	¼袋(約25g)
雞高湯粉	⅓小匙

橄欖油 酒 醬油 鹽 胡椒

1 小松菜切成3cm長段。金針菇切除根部,切成2cm長。

2 取一鍋,倒入2小匙橄欖油,開中火加熱,小松菜鋪於鍋中,以木鏟邊壓邊煎,兩面各煎1分30秒左右。

3 加入2杯水、1大匙酒、1小匙醬油、高湯粉、金針菇,煮滾後轉中小火續煮2分鐘,撒上鹽、胡椒各少許即完成。

料理／堤 人美
每人份48kcal　鹽分0.8g
烹調時間10分鐘

小松菜稍微煎過,
讓湯喝起來香氣十足。

料多味美的湯品

西洋芹的香氣與
口感非常棒!主餐就決定
吃炒飯了吧!?

西洋芹火腿湯

材料(2人份)

西洋芹	½枝(約50g)
西洋芹葉	少許
里肌火腿	2片
雞高湯粉	½小匙

酒 鹽 胡椒

1 西洋芹剔除硬絲,斜切薄片,葉子切碎。火腿對半切後,再切成寬約1cm的小片。

2 取一鍋,加入2又½杯水、高湯粉,開中火加熱,煮滾後放入西洋芹、火腿、酒½大匙,煮約2分鐘,加入西洋芹葉後稍微煮一下,撒上鹽、胡椒各少許即完成。

料理／武藏裕子
每人份35kcal　鹽分1.1g
烹調時間7分鐘

奶香濃湯

含有大量蔬菜的奶香濃湯不僅可充分感受食材的甜味，牛奶也會帶來飽足感。 不僅在晚餐時段，趕著出門的早餐時間也很能派上用場，夏天時做成冷湯也很棒。

> 簡單又美味，完全感覺不出來是以微波爐做出來的！

簡易南瓜濃湯

材料(2人份)

南瓜	⅛顆(約200g)
洋蔥	⅓顆(約70g)
牛奶	⅔杯
西式雞高湯塊	1塊
胡椒	

料理／上田淳子
每人份124kcal　鹽分0.9g
烹調時間10分鐘

1 南瓜去瓤去籽去皮，切成1cm的小塊。洋蔥縱向切薄片。

2 取一耐熱調理盆，放入南瓜、洋蔥、高湯塊、⅔杯水、少許胡椒，輕輕蓋上保鮮膜，微波（600W）加熱5分鐘左右。

3 以叉子將南瓜大致壓碎，加入牛奶混合，再次蓋上保鮮膜，微波加熱1分鐘後，整體攪拌均勻即完成。

地瓜的甘甜
溶入牛奶中，
交織成溫和的美味。

地瓜濃湯

材料(2人份)

地瓜	½顆(約120g)
洋蔥	¼顆(約50g)
培根	3片
牛奶	1½杯

奶油　鹽

料理／藤野嘉子
每人份327kcal　鹽分1.2g
烹調時間18分鐘

1 地瓜去皮，切成1cm的小丁。洋蔥切成1cm的小丁。培根切成寬約7～8mm的小片。

2 取一鍋，放入奶油，開中火融化奶油，培根下鍋炒至酥脆後，加入洋蔥與地瓜快速翻炒，注入1杯水，煮滾後蓋上鍋蓋轉小火煮約10～12分鐘，加入牛奶，湯快滾前撒上少許鹽調味後即熄火。

小松菜濃湯

材料(2人份)

小松菜	⅓把(約100g)
紅蘿蔔(大)	¼根(約50g)
牛奶	½杯
西式高湯粉	⅓小匙
鹽 胡椒	

1 小松菜切成3cm的長段。紅蘿蔔去皮後,切細絲。

2 取一鍋,倒入1又½杯水、高湯粉、⅓小匙鹽、少許胡椒攪拌均勻後,開中火加熱煮滾後,再放入小松菜、紅蘿蔔,煮滾後續煮1～2分鐘,加入牛奶煮至溫熱後即完成。

料理／井原裕子
每人份51kcal 鹽分1.3g
烹調時間8分鐘

滿滿維他命與礦物質,
營養豐富的一杯湯。

軟嫩高麗菜與
富有口感的玉米粒的
搭配,美味無敵。

高麗菜玉米濃湯

材料(2人份)

高麗菜葉(大)	1片(約60g)
玉米罐頭(85g)	½罐
牛奶	1杯
西式高湯粉	3小匙
沙拉油 鹽 胡椒	

1 高麗菜芯切V字去除硬梗,縱切對半後,再橫向切成1.5cm的小片。將玉米罐頭倒去湯汁。

2 取一鍋,加入1小匙沙拉油,開中火加熱,高麗菜與玉米粒下鍋翻炒,整體裹上油後,加入1杯水、高湯粉,煮滾後轉小火續煮3分鐘左右,加入牛奶、⅓小匙鹽、撒上少許胡椒,在煮滾前即熄火起鍋。

料理／青木恭子(studio nuts)
每人份108kcal 鹽分1.4g
烹調時間8分鐘

雙色蔬菜濃湯

材料(2人份)

紅蘿蔔	⅓根(約50g)
洋蔥	¼顆(約50g)
奶油玉米罐頭(190g)	1罐
牛奶	1杯

鹽 胡椒

1 紅蘿蔔去皮,切成7~8mm的小丁。洋蔥切成7~8mm的小片。

2 取一鍋,放入紅蘿蔔、洋蔥、⅓杯水,蓋上鍋蓋開中火加熱,煮滾後轉中小火續煮5分鐘左右,倒進玉米醬與牛奶,攪拌後再煮到滾,加⅓小匙鹽、少許胡椒即完成。

料理／石原洋子
每人份167kcal 鹽分1.8g
烹調時間12分鐘

玉米醬的甜味
讓人喝來好舒服,
再加些手邊常有的蔬菜,
便是豐富的湯品。

天熱時也想喝,
口感溫潤、喉韻絕佳。

冷製馬鈴薯濃湯

材料(2人份)

馬鈴薯	1顆(約150g)
牛奶	⅔杯
西式高湯粉	¼小匙
巴西利(切碎)	少許
鹽	

1 馬鈴薯去皮,縱橫向各切成4等分,泡水3分鐘後置於竹篩上瀝乾,放入耐熱調理盆中,輕輕蓋上保鮮膜,微波(600W)加熱3~4分鐘,稍微放涼後以叉子大致壓碎。

2 在馬鈴薯裡加1杯水、高湯粉、½小匙鹽,翻拌混合,倒入牛奶攪拌後,放進冰箱冰約10分鐘,盛入容器中,撒上巴西利即可享用。

料理／井原裕子
每人份100kcal 鹽分1.9g
烹調時間20分鐘

冷凍&活用蔬菜的方法 *recipe*

嚴選 4 種應用範圍廣泛的蔬菜！冷凍後不用退冰或是稍微微波加熱就可以使用，十分便利。

●這 4 種蔬菜冷凍後大約可保存 1 個月。　　食譜製作／重信初江

去掉多餘的水分，甜味更明顯。

鹽漬高麗菜

材料（容易製作的分量）與冷凍的方法

高麗菜300g切成一口大小，放入夾鍊袋中，撒入½小匙鹽，從袋外搓揉，靜置15分鐘，將釋出的水分倒掉，袋內的高麗菜平均鋪平後夾好袋口，放冷凍庫保存。

活用食譜 **柴魚豬肉炒高麗菜**

材料（2 人份）與作法

1. 炒鹽漬高麗菜不必退冰，整包倒在耐熱皿上，不包保鮮膜，微波加熱（600W）約2分鐘，取出，輕輕撥散。

2. 取一平底鍋，加進1小匙沙拉油，開中火加熱，100g豬絞肉下鍋邊撥散邊炒約1～2分鐘，放入高麗菜轉中大火炒2～3分鐘，再加入½小匙醬油、鹽與胡椒各少許調味，加½包（約2g）柴魚片稍微翻炒後即可起鍋。

不必切，直接冷凍，美味不流失。

整顆番茄

材料（容易製作的分量）與冷凍的方法

番茄（小）2顆，拔除蒂頭，分別以保鮮膜包覆，放入夾鍊袋中，壓出空氣，夾好，放冷凍庫保存。

活用食譜　**清爽番茄湯**

材料（2人份）與作法

1 洋蔥⅛顆縱向切薄片，放入鍋中，倒入1小匙橄欖油，開中火加熱，炒2～3分鐘。

2 注入2杯水、西式高湯粉⅓匙、鹽¼小匙煮滾，番茄不必退冰，整顆磨成泥，加入鍋中轉中火煮滾即完成。

汆燙過冷凍，可長保脆綠。

汆燙菠菜

材料（容易製作的分量）與冷凍的方法

菠菜1把，在熱水中快速燙熟後，切成3～4cm的長段，分4等分以保鮮膜包覆，放入夾鍊袋中，壓出空氣夾好，放冷凍庫保存。

活用食譜　**高湯煮菠菜豆皮**

材料（2人份）與作法

1 炸豆皮1片縱切對半後，再橫向切成寬約7～8mm的長條。取一鍋倒入¾杯高湯、砂糖與醬油各1小匙、鹽¼小匙，取½包的菠菜不必退冰直接入鍋中，開中火加熱。

2 煮滾後將菠菜撥散，加入炸豆皮，再煮2～3分鐘即完成。

切好直接放到袋中就可以。

綜合菇類

材料（容易製作的分量）與冷凍的方法

鮮香菇200g切除根部後，切薄片。鴻喜菇200g切除根部，撥散。兩種菇類都放入夾鍊袋中，壓出空氣，夾好，放冷凍庫保存。

活用食譜　**鮮菇炒蛋**

材料（2人份）與作法

1 取一平底鍋，加進1小匙沙拉油，開中火加熱，¼包的綜合菇類不必解凍直接下鍋炒2～3分鐘。

2 加入味醂、醬油各1小匙、鹽少許，3顆蛋打散後下鍋，快速攪拌，蛋鬆軟定形後即可熄火起鍋。

料理INDEX ★表示適合帶便當的菜色

小菜

蔬菜類

■ 番茄，小番茄

■ 高麗菜

■ 小黃瓜

■ 白蘿蔔

■ 紅蘿蔔

小菜

其他

※ 詢問書籍問題前,請註明您所購買的書名及書號,以
及在哪一頁有問題,以便我們能加快處理速度為您服務。
※ 我們的回答範圍,恕僅限書籍本身問題及內容撰寫不
清楚的地方,關於軟體、硬體本身的問題及衍生的操作狀
況,請向原廠商洽詢處理。
※ 廠商合作、作者投稿、讀者意見回饋,請至 FB 粉絲團
http://www.facebook.com/InnoFair 或 Email 信箱
ifbook@hmg.com.tw

作者──ORANGE PAGE /譯者──王淑儀/攝影──澤木央子/

責任編輯──莊玉琳/封面 - 內頁設計──任紀宗/

行銷企劃──辛政遠─楊惠潔/

總編輯──姚蜀芸/副社長──黃錫鉉/

總經理──吳濱伶/執行長──何飛鵬/

出版 創意市集|發行 英屬蓋曼群島商家庭傳媒股份有限公司城邦分公司
Distributed by Home Media Group Limited Cite Branch。 地 址 104 臺 北
市民生東路二段 141 號 7 樓 7F No. 141 Sec. 2 Minsheng E. Rd. Taipei 104
Taiwan。電話 +886 (02) 2518-1133。傳真 +886 (02) 2500-1902。讀者
服務傳真 (02) 2517-0999 / (02) 2517-9666

城邦書店 104 臺北市民生東路二段 141 號 1 樓 。電話 (02) 2500-1919 /
營業時間 週一至週五 09:00-20:30 |製版/印刷 凱林彩印股份有限公司

978-986-95305-2-1 版次 2017 年 9 月 初版 1 刷
定價 新台幣 380 元/港幣 127 元

國家圖書館出版品預行編目 (CIP) 資料

豐盛配菜 365:
三餐、便當、常備菜、漬物、下酒菜、湯品、回家馬上
就能做的方便好食/ ORANGE PAGE 著
創意市集出版|家庭傳媒城邦分公司發 2017.09
── 初版 ── 臺北市: 面:公分

ISBN 978-986-95305-2-1(平裝)

1. 食譜

427.1   106011819